# Unity 3D/2D

## 移动开发实战教程

第2版　全彩版

朱淑琴　翟红英　赵瑛　编著

机械工业出版社

CHINA MACHINE PRESS

全书分为五部分，包括基础篇、资源篇、3D 软件开发综合实例篇、AR 软件开发综合实例篇和全景软件开发综合实例篇。基础篇介绍了 Unity 2D 开发和 Unity 的相关基础知识；资源篇介绍了在 Unity 中创建地形、光照和粒子等资源的相关技术；3D 软件开发综合实例篇、AR 软件开发综合实例篇和全景软件开发综合实例篇完整展示了基于 Unity 引擎的综合性 3D 软件、3D AR 软件和全景软件的相关开发技术和方法。对于基础操作部分，基于小巧实用的案例讲解知识点；对于实战应用部分，以完整的项目案例为主线，全面阐述 Unity 的基本操作、资源整理、游戏场景创建、编写游戏脚本、游戏 UI 制作、特效制作以及移动平台上的运用等方面的知识。

本书可以作为游戏开发人员、移动开发人员以及对 Unity 感兴趣的游戏开发爱好者进行学习的参考手册；也可以作为高等院校、职业院校、培训学校等机构数字媒体专业、游戏开发专业和计算机相关专业的教学用书。

## 图书在版编目（CIP）数据

Unity 3D/2D 移动开发实战教程：全彩版 / 朱淑琴，翟红英，赵瑛编著. —2 版. —北京：机械工业出版社，2024.1

ISBN 978-7-111-74507-5

Ⅰ.①U… Ⅱ.①朱… ②翟… ③赵… Ⅲ.①游戏程序—程序设计—教材 Ⅳ.①TP311.5

中国国家版本馆 CIP 数据核字（2024）第 001601 号

机械工业出版社（北京市百万庄大街 22 号　邮政编码 100037）

| 策划编辑：丁　伦 | 责任编辑：丁　伦 |
| --- | --- |
| 责任校对：李可意　薄萌钰　韩雪清 | 责任印制：张　博 |

北京建宏印刷有限公司印刷

2024 年 3 月第 2 版第 1 次印刷

185mm×260mm・18.5 印张・406 千字

标准书号：ISBN 978-7-111-74507-5

定价：119.00 元

| 电话服务 | 网络服务 |
| --- | --- |
| 客服电话：010-88361066 | 机　工　官　网：www.cmpbook.com |
| 　　　　　010-88379833 | 机　工　官　博：weibo.com/cmp1952 |
| 　　　　　010-68326294 | 金　书　网：www.golden-book.com |
| **封底无防伪标均为盗版** | 机工教育服务网：www.cmpedu.com |

# 前　言

当前，虚拟现实已成为全球关注的热点，被誉为是继个人计算机、智能手机之后的新一代计算平台，也是互联网未来的新入口。虚拟现实在各行各业的广泛应用，正在开启全新的变革时代。在虚拟现实应用开发的背后，最核心的技术之一就是开发者所用的引擎。Unity 引擎拥有强大的平台兼容性，是当前最受开发者欢迎的引擎之一。

## 行业背景

数字时代瞬息万变，游戏行业更是风起云涌。在各种各样游戏的背后，最根本的便是开发这些游戏所采用的游戏引擎。Unity 引擎凭借强大的平台兼容性等优点，已经成为近几年深受游戏开发者欢迎的游戏开发引擎。

## 本书内容

本书在归纳和总结市面上众多 Unity 图书的基础上进行编写，分为基础篇、资源篇、3D 软件开发综合实例篇、AR 软件开发综合实例篇和全景软件开发综合实例篇共五部分，完整展示了从 Unity 的基础操作、资源整理、游戏场景创建、游戏脚本编写，到游戏 UI 制作、特效制作、3D 软件开发等环节的技术知识。

全书采用"任务要求→任务过程→知识总结→试一试"的编写路线："任务要求"中对任务以及完成该任务后能够达到的预期目标进行说明，使读者对任务有一个明确的认识；"任务过程"中以图、文、表的方式给出详细的实现步骤，对于程序代码给出解释说明；"知识总结"对任务中的知识点进行提炼整理；"试一试"中会给出一些操作练习，希望读者能深入思考、举一反三。

## 编写思路

本书强调理论知识与操作实践结合，避免"理论太强、缺乏实践"或者"强调工程、缺乏详解"等情况发生；重点突出案例，以实用的项目案例作为载体，将知识的拓展与软件开发过程中的迭代相结合，项目贯穿所有知识点，读者可以从案例中掌握 Unity 的核心技术；为了完成各个项目案例，对项目进行任务分隔，将大任务划分为小任务，自顶向下、逐步求解，符合初学者认识事物和解决问题的思维方式；在选择项目案例时，不是单纯地选择娱乐游戏软件，而是将教育和游戏相结合，既体现了案例的娱乐性、趣味性，又兼顾了教育性、实用性。

## 本书特色

本书在《Unity 3D/2D 移动开发实战教程》的基础上，对知识体系和配套学习资源进行了如下优化。

1）新增了三维全景虚拟现实技术，这种技术给用户带来全新的真实现场感和交互式的感受，具有制作成本低、开发效率高等优点。

2）弱化了与模型相关的设计内容（通常利用第三方软件设计与制作三维模型），使得知识体系更聚焦于 Unity 引擎技术。

3）兼顾了 Unity 新版本的技术应用，如介绍 Unity 新版本发布项目的方法。

4）每个章节均制作了配套视频教学课程，读者在阅读过程中，只需拿出手机扫一扫页面相应位置的二维码，即可打开视频教学课程。

5）提供书中所有案例的完整源代码、素材以及插件等，最大限度地帮助读者快速学习软件知识。

6）配备了授课用电子教案等教学服务，方便大中专院校及相关培训班教师授课。

## 作者团队

本书由多位从事 Unity 开发的设计师以及深耕软件教学十几年的"双师型"教师等人员共同策划和编写。其中，第一部分由翟红英编写、第二部分由赵瑛编写、第三部分、第四部分和第五部分由朱淑琴编写。朱淑琴负责整本书的统稿和规划工作。Unity 开发技术发展迅速，本书编写团队一直保持虚心学习状态，在此对以各种形式分享资源和传播 Unity 技术的人们表示感谢，也向编写过程中给予指导和帮助的全体人员致谢。

由于编者水平有限，不足之处在所难免，还望读者朋友不吝赐教。

编　者

# 目　　录

## 第三部分　3D 软件开发综合实例篇

# 第一部分 基 础 篇

基础篇主要包括 Unity 2D 开发和 Unity 基础知识，内容安排如下。

● 初识 Unity：该部分主要对 Unity 引擎及其下载和安装方法进行讲解，通过运行 Unity 提供的官方案例，进一步了解 Unity 及其相关操作，利用所学知识，完成第一个 Unity 实例。

● 控制菜单：通过动态控制菜单的制作，学习 Sprite 对象的创建方法、鼠标事件的响应与处理以及多场景的切换方法。

● 种子发芽：通过编排连续的种子发芽动画，学习使用 Animation 制作动画的方法。

● 交通安全：通过交通安全控制动画，学习使用 Animator 进行动画切换的方法。

● 气球漫游：通过该任务学习碰撞器与触发器的使用方法。

# 第1章　初识 Unity

本章首先对 Unity 引擎及其下载和安装进行介绍，通过运行 Unity 提供的官方案例，进一步了解 Unity 及其相关操作，利用所学知识，完成第一个 Unity 实例制作。

## 1.1　认识 Unity

**任务要求**

本任务学习 Unity 引擎的相关知识，分步骤演示如何从官网下载并安装 Unity 引擎。安装完成后，通过运行 Asset Store 下载的示例，学习和熟悉 Unity 的编辑器窗口和相关操作。Unity 编辑器窗口和示例的效果如图 1-1 所示。

图 1-1　示例效果图

（资源文件路径：Unity 3D/2D 移动开发实战教程（全彩版）\第 1 章\实例 1）

通过完成任务达成以下目标：

- 了解 Unity 引擎的功能和特点。
- 了解 Unity 的各种版本，掌握下载与安装的操作方法。
- 掌握从 Asset Store 下载示例的方法。
- 熟悉 Unity 的编辑器主界面。

- 掌握 Scene 面板的视图操作方法。
- 掌握 Scene 面板的对象操作方法。
- 理解 Unity 中场景（Scene）、对象（GameObject）和组件（Component）等基本概念。

## 1.1.1　了解 Unity

Unity 3D 是由 Unity Technologies 开发的一个让玩家可以轻松创建诸如三维视频游戏、建筑可视化、实时三维动画等互动内容的多平台、综合型的游戏开发工具，是一个全面整合的专业游戏引擎。Unity 应用非常广泛，表 1-1 列出了基于 Unity 开发的一些游戏。

表 1-1　基于 Unity 开发的相关游戏

| 网页游戏 | 手机游戏 | 单机游戏 |
| --- | --- | --- |
| ● 坦克英雄（网页游戏） | ● 择天记 | ● 七日杀 |
| ● 皇牌海战 | ● 王者荣耀 | ● 捣蛋猪（Bad Piggies） |
| ● 新仙剑Online | ● 失落帝国 | ● 轩辕剑六 |
| ● 蒸汽之城 | ● 地牢女王 | ● 御天降魔传 |
| ● 绝代双骄 | ● MemoLine! | ● 凡人修仙传单机版 |
| ● Touch | ● 炉石传说 | ● 雨血前传：蜃楼 |
| ● 纵横无双 | ● 酷酷爱魔兽 | ● 外科模拟 |
| ● 将魂三国 | ● 捣蛋猪（Bad Piggies） | ● 新剑侠传奇 |
| ● 天神传 | ● 神庙逃亡 2 | ● 轩辕剑外传：穹之扉 |
| ● QQ 乐团 | ● 武士 2：复仇 | ● Sc 竞技飞车 |
| ● 北欧英灵传 | ● 亡灵杀手：夏侯惇 | ● 永恒之柱 |
| | | ● 围攻（Besiege） |
| | | ● 仙剑奇侠传 6 |

Unity 引擎有如下特点。

### 1.　强大的可扩展编辑器

Unity 编辑器是为数字艺术家、设计师、开发者及其相关成员们提供的创作中心。支持 Windows 与 iOS 操作系统，包含 2D 与 3D 场景设计工具，所见即所得的模式支持快速编辑与迭代，拥有强大的动画系统。

### 2.　便捷的图形渲染功能

- 实时渲染引擎：使用实时全局光照和物理渲染，打造高保真的视觉效果。
- 原生图形 API：Unity 支持多个平台，与各个平台的底层图形 API 息息相关，帮助开发者尽可能利用最新的 GPU 与硬件改善，如 Vulkan、iOS Metal、DirectX12、nVidia VRWorks 或 AMD LiquidVR。

### 3.　支持多平台

Unity 支持多种平台，横跨移动、桌面、主机、TV、VR、AR 及网页平台，如图 1-2 所示。Unity 工作流能够非常方便地将各类应用移植到最新的平台。一次构建，全局部署，实现最大用户规模。

图 1-2　Unity 支持的平台

### 1.1.2　下载 Unity

Unity 的官方网站提供了 Personal 个人版、Plus 加强版以及 Pro 专业版三个版本。个人版完全免费，但在部分功能上有所限制。加强版与专业版相对于个人版有更多的高级功能，比如实现阴影效果、屏幕特效等。但对一般游戏开发来说，个人版的功能已经绰绰有余了。

**步骤 1**　进入到 Unity 官网（网址 https://unity.com）后，在网页最底端可以选择语言为 Chinese。

**步骤 2**　找到"下载"选项，选择 Unity 选项，进入到 Unity Store 页面。

**步骤 3**　选择 Personal 个人版，如图 1-3 所示。

**步骤 4**　在正式使用个人免费版之前，需要输入 Unity 的用户名和密码，如果还没有账户，可以在线激活 Unity，单击"创建 Unity ID"按钮，即可创建一个新的账户，如图 1-4 所示。

图 1-3　Personal 个人版

**步骤 5**　在 Unity 官网下方的"资源"选项区域，单击"Unity 旧版本"链接，即可下载 Unity 已经发布的各种版本，如图 1-5 所示。如果要发布产品，Unity 官方目前建议使用 Unity 2018.4 LTS 稳定支持版。

图 1-4　创建 Unity ID

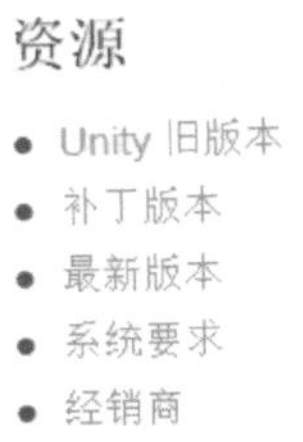

资源

- Unity 旧版本
- 补丁版本
- 最新版本
- 系统要求
- 经销商

图 1-5　下载 Unity 旧版本

### 1.1.3　安装 Unity

通过 Unity 官网下载的文件非常小，只是下载助手而已。用鼠标双击下载助手之后，按照出现的页面内容进行安装设置。

**步骤 1** 首先是安装确认，请确认网络连接是否正常，再单击 Next 按钮。

**步骤 2** 使用协议内容阅读后，勾选 I accept the terms of the License Agreement 复选框，再单击 Next 按钮。

**步骤 3** 然后勾选要安装组件的复选框，在这里选择默认组件即可，再单击 Next 按钮，如图 1-6 所示。

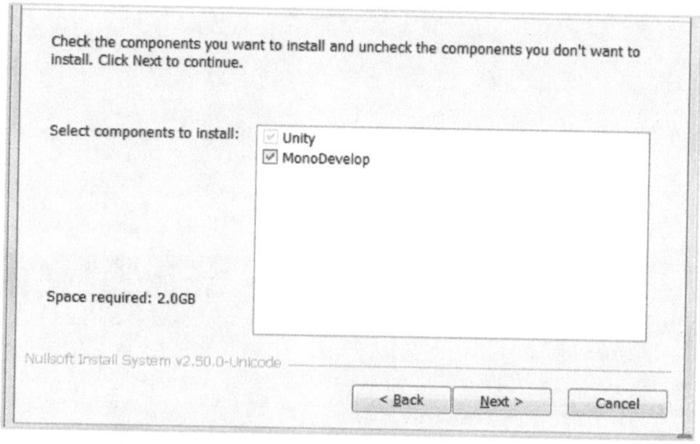

图 1-6　安装组件界面

**步骤 4** 之后按照 Unity 安装提示，即可完成安装操作。

### 1.1.4　基本操作

**步骤 1** 打开项目

启动 Unity 后，进入登录界面，如图 1-7 所示。输入已经注册的账号和密码，单击 Sign In 按钮进行登录。登录成功后将出现图 1-8 所示的窗口，在窗口右上角选择 OPEN 命令。打开 Open existing project 对话框，浏览路径到示例工程存放的位置，选择 PRGFPS Game Assets 文件选项，再单击"选择文件夹"按钮，即可打开示例工程，如图 1-9 所示。

图 1-7　登录界面

图 1-8　选择 OPEN 命令

图 1-9　打开项目

**步骤 2**　认识编辑器

打开或者新建一个项目后，看到的第一个界面就是 Unity 编辑器主界面。Unity 编辑器主界面中包括 Hierarchy 面板、Scene 面板、Game 面板、Inspector 面板、Project 面板与 Console 面板等，图 1-10 中红色矩形标识的是各面板的名字。在编辑器主界面还包括导航菜单栏和工具栏。

- Hierarchy 面板：层次面板中显示的是场景对象列表。
- Scene 面板：用于进行场景编辑。
- Game 面板：用于游戏运行效果预览。
- Inspector 面板：用于属性设置。
- Project 面板：用于展示项目资源列表。
- Console 面板：用于查看各种 info、warning 和 error 信息。

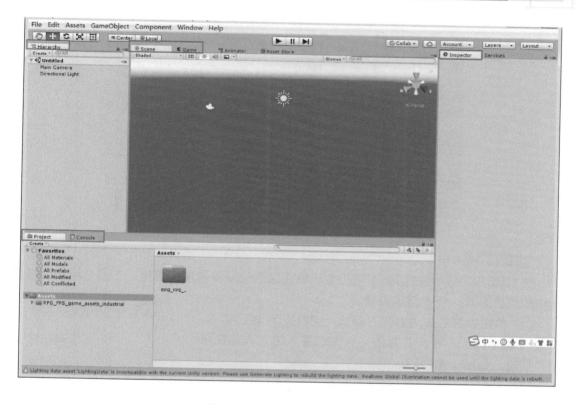

图 1-10　Unity 编辑器主界面

**步骤 3** 打开场景

（1）在菜单栏选择 File→Open Scene 命令，然后选择 Map_v1.unity 文件，或者在 Project 面板展开 Assets 折叠按钮，选择 RPG_FPS_game_assets_industrial 文件夹图标，在右侧资源列表中双击或拖动 Map_v1 文件到 Scene 窗口，如图 1-11 所示。

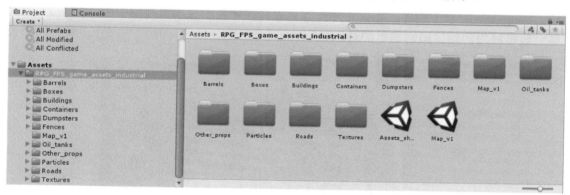

图 1-11　利用 Project 面板打开场景

（2）这时就可以看到示例的运行效果，如图 1-12 所示。

图 1-12　打开场景

**步骤 4** 视图操作

在 Unity 中可以通过切换不同的显示模式来改变场景视图的角度，下面介绍几个视图操作的快捷方式，便于浏览场景。

（1）单击鼠标右键进入飞行模式，同时按下 W、A、S、D 键控制上、下、左、右方向，并快速进入第一人称视角预览导航，如图 1-13 所示。

图 1-13　第一人称视角预览导航

（2）按住 Alt 键的同时拖动鼠标左键，可以围绕当前轴心点动态观察。

（3）按住 Alt 键的同时拖动鼠标中键，可以平移观察场景视图。

（4）按住 Alt 键的同时拖动鼠标右键，可以缩放（拉近拉远）场景视图，与单独滚动鼠标滚轮作用相同。

**步骤 5** 对象操作

对于场景中的对象，可以进行移动、旋转、缩放等操作，但都是以对象被选中为前提。

（1）选中并最大化显示对象。在 Scene 面板中选中任意游戏对象，按 F 键，或者在 Hierarchy 面板中双击物体，可以让选择的对象最大化显示在场景视图中心，图 1-14 所示橘色线框线内的物体即为选中的对象。

图 1-14　选中的游戏对象

（2）移动对象。选择一个对象，单击工具栏上的移动按钮，或者按下键盘上的快捷键 W，这时就可以移动对象，显示的三个轴向分别为 X 轴（红色）、Y 轴（绿色）和 Z 轴（蓝色），显示如图 1-15 所示。单击轴可以使其变成黄色，这时对象被限制在该轴向移动，图 1-16 为限制对象在 X 轴方向移动。选中两个轴向相交的方形位置，可以限制在一个面上移动对象。对一个对象移动的时候，Inspector 面板中 Transform 组件的 Position 属性也会同时跟着变化。

图 1-15　移动对象

图 1-16　只能在 X 轴方向移动

（3）旋转对象。选择一个对象，单击工具栏上的旋转按钮，或者按下键盘上的快捷键 E 键，该对象的显示效果如图 1-17 所示，这时即可对对象进行旋转操作，同样可以限制绕着一个轴旋转或者随意旋转。对一个对象旋转的时候，Inspector 面板中 Transform 组件的 Rotation 属性也会同时跟着变化。

（4）缩放对象。选择一个对象，单击工具栏上的缩放按钮，或者按下键盘上的快捷键 R，对象的显示效果如图 1-18 所示，这时可进行缩放操作。单击中间的灰色方块，可以成比例均匀缩放；单击一个轴，轴变成黄色，可以限制在该轴向上进行缩放。对一个对象缩放的时候，Inspector 面板中 Transform 组件的 Scale 属性也会同时跟着变化。

图 1-17　旋转对象

图 1-18　缩放对象

（5）轴心和坐标切换。单击工具栏上的 ⚡Center 按钮，会变为 🔘Pivot 按钮，这时再单击又会切换为 ⚡Center 按钮。该按钮用于设置对象的轴心，它们的区别在于一个是对象的中心点，一个是对象的轴心点。

单击工具栏的 🔘Global 按钮，会变换 🔘Local 按钮，该按钮用于改变物体的坐标系。

**步骤 6** 下载资源

前面介绍的示例实际上是从 Unity 的 Asset Store 上下载的，为了方便大家使用，提前下载存储在随书资源素材文件夹中。Unity 的 Asset Store 上提供了许多供开发者使用的资源，利用好这些资源，能够使得开发工作事半功倍。下面将介绍如何新建一个项目，然后从 Asset Store 上下载资源并导入项目的操作方法。

（1）确保联网，计算机必须联网，才能够下载资源。

（2）运行 Unity，选择 NEW 命令新建项目，在 Project name 文本框中输入项目名称，在 Location 文本框中输入项目需要保存的路径，选择"3D 项目"选项，接下来单击 Create Project 按钮，创建项目。或者在已经打开的 Unity 中，通过在菜单栏中选择 File→New Project...命令来创建一个新的项目，Unity 默认会新建一个文件夹创建新工程。

（3）在编辑器主界面选择 Asset Store 面板（快捷键为 Ctrl+9），或者在主菜单中选择 Window→asset Store 命令，都可以打开 Asset Store，打开后的界面如图 1-19 所示。

图 1-19　Asset Store 界面

（4）在打开的 Asset Store 界面中可以进行资源的搜索，可以设定资源的类别、价格（免费还是付费），以及资源运行的 Unity 版本等相关信息，找到所需的资源后即可进行下载，这时在 Unity 主界面并不会马上看到下载的资源，需要导入到项目。在图 1-20 中查找的是免费的 Game asset v1 资源，很快就找到了本章所用的示例资源。

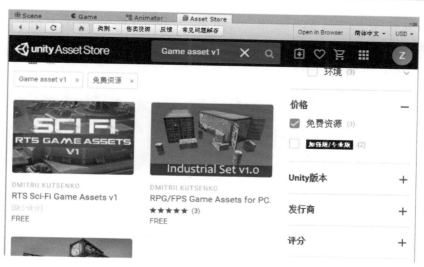

图 1-20　查找所需资源

（5）单击所需的示例资源，会出现如图 1-21 所示的该资源的基本情况，在下面单击"下载"按钮，即可进行资源的下载。

图 1-21　下载资源界面

**步骤 7**　导入资源

资源下载完成后，单击"我的资源"图标按钮，然后单击"导入"按钮，进行资源导入。图 1-22 为"我的资源"列表，图 1-23 为单击"导入"按钮后出现的界面，在此界面单击 Import 按钮，即完成将资源导入到项目的操作。利用前面学习的打开游戏场景的知识，打开本场景。

图 1-22　"我的资源"列表

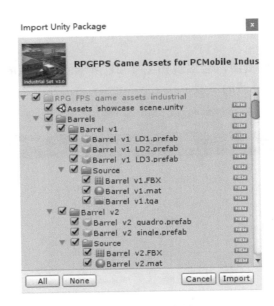

图 1-23　导入资源

### 知识点一：编辑器主界面

1. Project 项目资源列表面板

每个 Unity 的项目包含一个资源文件夹。此文件夹的内容呈现在项目资源列表面板，该面板中存放着游戏的所有资源，比如场景、脚本、三维模型、纹理、音频文件和预制对象。在项目资源列表面板里右键单击任何资源，在弹出的快捷菜单中选择 Show in Explorer 命令，就可以在 Windows 资源管理器中找到这些资源相关的文件。

## 2. Hierarchy 场景物体列表面板

场景物体列表面板包含了每一个场景的所有游戏对象（GameObject）以及它们之间的关系。其中一些是资源文件的实例，如 3D 模型和其他预制体（Prefab）的实例。用户可以在场景物体列表面板中选择对象或者生成对象。当在场景中增加或者删除对象时，Hierarchy 场景物体列表面板中相应的对象会出现或消失。

## 3. Scene View 场景编辑面板

场景指的是游戏界面，用户既可以在这个界面中进行对象的摆放，也可以通过游戏场景编辑面板提供的工具栏改变场景显示的方式。在场景面板的窗口操作是 Unity 中最重要的功能之一，用户可以使用一些快捷键的方式进行快速操作。

## 4. Game View 游戏运行面板

游戏面板显示最后发布游戏后的运行画面，需要使用一个或多个摄像机来控制玩家在游戏时实际看到的画面。

## 5. Inspector 属性编辑列表面板

属性编辑列表面板显示当前选定的游戏对象，包括所有附加组件及其属性的详细信息，用户可以在这里直接修改各项参数。

### 知识点二：工具栏

工具栏包括五项基本控制，用于控制场景编辑窗口。

1. 变换工具

可以对场景中的物体进行缩放、平移、旋转等控制。

● 手柄工具（快捷键 Q）：选择该工具后，按住鼠标左键可拖动视角。

● 移动工具（快捷键 W）：选择物体后，单击移动工具，物体会出现方向轴，拖动方向轴可以移动物体。

● 旋转工具（快捷键 E）：选择物体后，单击旋转工具，物体会出现旋转轴，拖动旋转轴可以旋转物体。

● 缩放工具（快捷键 R）：选择物体后，单击缩放工具，物体会出现缩放方向轴，拖动可缩放物体大小。

2. 坐标切换 Center Local

设置场景中物体的轴心和坐标。左边为改变物体的轴心点，Center 表示使用物体中心，Pivot 可以使用物体本身的轴心；右边为改变物体的坐标，Global 为世界坐标，Local 为自身坐标。

3. 游戏运行

运行游戏时，对游戏进行测试。从左到右依次如下。

● 播放按钮：单击播放按钮可激活 Game 面板，实时显示游戏的运行画面。

● 暂停按钮：单击暂停按钮，可暂停游戏的播放，用于分析复杂的行为，游戏过程中（或暂停时）可以修改参数、资源甚至是脚本。

● 逐帧播放按钮：单击逐帧播放按钮可以用逐帧预览的方式播放游戏，主要方便查找游戏中存在的问题。

需要注意的是，在播放或暂停时修改的数据在停止后还原到播放前的状态。

4. 层下拉菜单 Layers ▾

控制哪层对象显示在场景面板的窗口中。

5. 布局下拉菜单 Layout ▾

控制编辑器主界面的布局。用户可以根据自己的操作习惯调整一些面板的位置或大小，然后在右侧下拉列表中选择 Save Layout 选项，保存编辑器主界面的布局。

知识点三：基本概念

（1）场景（Scene）：一组相关联的游戏对象的集合，通常游戏中每个关卡就是一个场景，用于展现当前关卡中的所有物体，如图 1-24 所示。

图 1-24　场景

（2）游戏体对象（Gameobject）：运行时出现在场景中的游戏物体，如人物、树木、地形等。Gameobject 是一种容器，可以挂载组件。将一个物体拖曳到另外一个物体中，子物体将继承父物体的移动、旋转和缩放属性，但子物体不影响父物体。

（3）组件（Component）：游戏体对象 Gameobject 的功能模块，每个组件都是一个类的实例。

- Transform 变换组件：对象的位置、旋转和缩放。场景中的每一个对象都有一个 Transform，用于储存并操控物体的位置、旋转和缩放。
- Mesh Filter 网格过滤器：用于从资源中获取网格信息。
- Mesh Renderer 网格渲染器：从网格过滤器中获得几何形状，再根据变换组件定义的位置进行渲染。网格过滤器与网格渲染器联合使用，使得模型显示到屏幕上。

试一试

对本任务中路障（名字为 Road_block_v1 (4)）物体进行选择，然后对路障执行移动、旋转、缩放等操作，如图 1-25 和图 1-26 所示。

图 1-25　路障操作前　　　　　　　　　图 1-26　对路障操作后的效果

## 1.2 完成第一个 Unity 实例

**任务要求**

下面介绍如何使用 Unity 完成第一个项目，本项目的功能是在屏幕上显示字符串 Hello，Unity！，并将项目发布为一个标准的 Windows 可执行程序，另外也会介绍 Unity 程序的调试方法。第一个 Unity 实例的最终运行效果，如图 1-27 所示。

通过完成任务：

● 掌握一个标准 Windows 可执行程序的实现步骤。

● 了解脚本在 Unity 项目中的作用，理解 Unity 项目的运行机制。

● 理解对象的生命周期，掌握生命周期中的一些重要函数。

图 1-27　实例运行效果图

（资源文件路径：Unity 3D/2D 移动开发实战教程（全彩版）\第 1 章\实例 2）

### 1.2.1 编写程序

**步骤 1** 创建一个新的项目

首先利用前面创建新项目的操作方法，创建一个新的项目，项目名称设置为 HelloUnity。

**步骤 2** 创建 C#脚本文件

新建项目后，在 Project 面板中选择 Assets 文件夹，然后右击，在弹出的快捷菜单中选择 Create→C# Script 命令，创建一个新的 C#脚本，将脚本命名为 HelloUnity.cs，如图 1-28 所示。

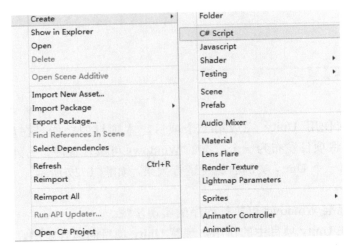

图 1-28　创建新的脚本文件

步骤 ③ **输入代码**

双击 HelloUnity.cs 脚本文件，系统默认会使用 MonoDevelop 脚本编辑器将其打开，此时可以看到里面已经被自动填充了一些基本代码。本项目的功能是在屏幕上显示字符串 Hello,Unity!，因此修改代码如下：

```
1.  using System.Collections;
2.  using System.Collections.Generic;
3.  using UnityEngine;
4.  public class task2 : MonoBehaviour
5.  {
6.      void Start ()
7.      {}
8.      void Update ()
9.      {}
10.     void OnGUI ()
11.     {
12.         GUI.skin.label.fontSize = 100;
13.         GUI.Label (new Rect (100, Screen.height/3, Screen.width,
Screen.height), "Hello, Unity! ");
14.     }
15. }
```

【程序代码说明】

第 6~7 行：Start 函数为一个初始化函数。

第 8~9 行：Update 函数在每一帧都会被执行。

第 10 行：OnGUI 函数专门用来绘制 UI 界面。

第 12 行：GUI.skin.label.fontSize = 100；用于改变字体的大小。

第 13 行：GUI.Label (new Rect (100, Screen.height/3, Screen.width, Screen.height), "Hello，Unity！");为输出字符串，GUI.Label 的第一个参数决定输出内容的位置和用于显示的矩形大小，第二个参数是输出内容。

**步骤 4** 运行项目

（1）保存脚本文件并退出 MonoDevelop 脚本编辑器，回到 Unity 界面，在 Hierarchy 面板内选中 Main Camera 摄像机，在菜单栏选择 Component→Scripts 命令子菜单中的 HelloUnity.cs 文件，将脚本指定给摄像机，如图 1-29 所示。

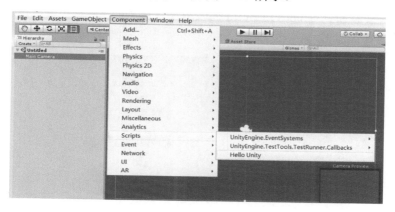

图 1-29　将脚本指定给摄像机

（2）选择 Game 面板，再单击播放按钮运行项目，即可看到 Hello,Unity！字符显示在屏幕上，显示效果如图 1-30 所示。

图 1-30　查看运行效果

**步骤 5** 保存工程文件

在菜单栏选择 File→Save Scene As...命令，将当前关卡（场景）保存在 Assets 文件夹

内，命名为 HelloUnity。可以看到，我们一共创建了两个文件，一个是脚本文件，另一个
是关卡（场景）文件，如图 1-31 所示。

**步骤 ⑥** 编译生成标准 Windows 可执行程序

（1）确定前面保存的场景处于打开状态，在菜单栏选择
File→Build Settings...命令，打开 Build Settings 对话框，单
击 Add Open Scenes 按钮，将当前场景添加到 Scenes In Build
列表框中（也可以直接将场景文件拖入框中），如图 1-32
所示。只有将场景添加到 Scenes In Build 列表框中，它才能
被集成到最后编译的游戏中。

图 1-31　脚本和场景文件

图 1-32　添加场景

（2）最后还需要进行很多设置，这里暂时只设置软件的名字。在 Build Settings 窗口单
击 Player Settings...按钮，在 Inspector 面板中将 Product Name 修改为 HelloUnity，如图 1-33
所示。

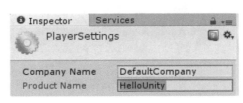

图 1-33　设置游戏名字

（3）接下来在 Build Settings 窗口中单击 Build 按钮，然后选择保存路径，即可将程序编译成独立运行的标准 Windows 程序，如图 1-34 所示。同时得到 HelloUnity.exe 的数据文件夹 HelloUnity_Data。

图 1-34　标准 Windows 程序

（4）双击打开 HelloUnity.exe 文件，显示如图 1-35 所示。勾选 Windowed 复选框，再单击 Play！按钮，该程序将以窗口模式运行。

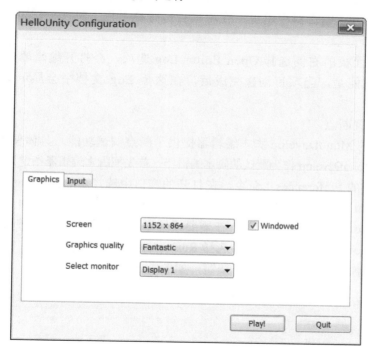

图 1-35　运行标准 Windows 可执行程序

## 1.2.2　调试程序

在软件开发中出现错误是正常的，通过调试程序发现错误并进行修改是非常重要的。

**步骤 1**　显示 Log

在 Unity 编辑器主界面下方有一个 Console 面板，用于显示控制台信息，如果程序出现错误，这里会用红色的字体显示出错误的位置和原因，我们也可以利用在程序中添加输出到控制台的代码来显示一些调试结果：

```
Debug.Log ("Hello,Unity!");
```

把上面代码添加到 OnGUI 函数中，运行程序，当执行到 Debug.Log 代码时，在控制台中会对应显示出 Hello,Unity!信息，如图 1-36 所示。

图 1-36　显示调试信息

如果将 Debug.Log 替换为 Debug.LogError，控制台的文字将呈红色显示。这些 Log 内容不仅会在 Unity 编辑器中出现，在将项目运行在手机上时，仍然可以通过工具实时查看。

在 Console 面板的右侧选择 Open Editor Log 选项，会打开编辑器的 Log 文档，一个比较实用的功能是，当项目创建完成后，在这个 Log 文档中会显示出项目的资源分配情况。

**步骤 2** 设置断点

Unity 自带的 MonoDevelop 脚本编辑器提供了断点调试功能，具体使用方法如下。

（1）使用 MonoDevelop 作为默认的脚本编辑器。首先把脚本编辑器指定为 MonoDevelop。选择 Edit 菜单下的 Preferences…命令，在打开的窗口中选择左边的 External Tools 选项，在右边的 External Script Editor 下拉菜单列表中选择 MonoDevelop（built-in）选项。

（2）打开 MonoDevelop 编辑器，在需要设置断点的代码行按 F9 键设置断点。

（3）在 MonoDevelop 的菜单栏中选择 Run→Attach to Process 命令，选择 Unity Editor 选项作为调试对象，然后单击 Attach 按钮，如图 1-37 所示。

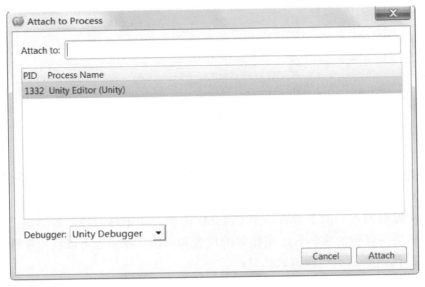

图 1-37　选择 Unity Editor 作为调试对象

（4）在 Unity 编辑器中运行项目，当运行到断点时项目会自动暂停，这时可以在 MonoDevelop 脚本编辑器中查看调试信息，如图 1-38 所示。之后需要按 F5 键越过当前断点，才能继续执行后面的代码。

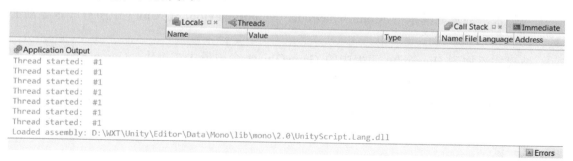

图 1-38　利用断点调试

## 知 识 总 结

 知识点一：MonoBehaviour 类

MonoBehaviour 类是每个脚本派生类的基类。每个 JavaScript 脚本自动继承 MonoBehaviour 类，使用 C#时需要显式继承 MonoBehaviour 类。

在使用 MonoBehaviour 类的时候，需要注意它有哪些可重写函数，这些可重写函数会在发生哪些事件的时候被调用。在 Unity 中最常用到的几个可重写函数如下。

（1）Awake 函数：当一个脚本被实例化时，Awake 函数被调用。在这个函数一般完成成员变量的初始化。

（2）Start 函数：仅在 Update 函数第一次被调用前调用。因为它是在 Awake 函数之后被调用的，可以把一些需要依赖 Awake 函数的变量放在 Start 函数里面初始化。同时在这个函数中执行 StartCoroutine 进行一些协程的触发。

（3）Update 函数：当开始播放游戏帧时（此时，GameObject 已实例化完毕），其 Update 函数在每一帧被调用，是最主要最常用的帧更新函数。

（4）LateUpdate 函数：LateUpdate 函数是在所有 Update 函数调用后被调用，该函数最常应用于第三人称的相机跟随。

（5）FixedUpdate 函数：当 MonoBehaviour 启用时，其 FixedUpdate 函数在固定帧率的每一帧被调用，在帧率比较低时，每帧可被多次调用，若帧率比较高，就可能不被调用。FixedUpdate 函数比 Update 函数调用更频繁。

（6）OnEnable 函数：当对象变为可用或激活状态时，此函数被调用。

（7）OnDisable 函数：当对象变为不可用或非激活状态时，此函数被调用。

（8）OnDestroy 函数：当 MonoBehaviour 将被销毁时，此函数被调用。

知识点二：脚本与 GameObject 的关系

在 Unity 中，脚本的职责就是做 GameObject 的逻辑驱动，所有需要挂载到 GameObject 上面的脚本，都需要继承自 MonoBehaviour，MonoBehaviour 是 Unity 中所有脚本驱动的基类。

被显式添加到 Hierarchy 面板中的 GameObject 会被最先实例化，GameObject 被实例化的顺序是从下往上。GameObject 被实例化的同时，加载其组件并实例化，如果挂载了脚本组件，则实例化脚本组件时，会调用脚本的 Awake 函数，组件的实例化顺序也是从下往上。在所有显式的 GameObject 及其组件被实例化完成之前，游戏不会开始播放帧。

试一试

请完成一个 Hello，World! 程序，并将它创建为一个标准的 Windows 可执行程序，运行效果如图 1-39。具体操作要求如下。

（1）创建两个文件，一个是脚本文件，另一个是场景文件，并命名为 HelloWorld。

（2）改变字符大小，在窗口显示 Hello，World!。

（3）将程序编译成独立运行的标准 Windows 程序。

（4）调试程序，显示 Log。

图 1-39　查看运行效果

# 第2章 制作控制菜单

一般软件的开始界面是让用户选择进入不同的模块，这些界面有的是以控制按钮的方式来呈现的。控制按钮有三种不同的状态，每种状态对应一张图片，如图2-1～图2-3所示。

- 正常状态：光标没有进入按钮区域，或者光标离开按钮区域。
- 悬浮状态：光标位于按钮上，但是鼠标没有按下。
- 选中状态：光标移动到按钮上，并且鼠标按下。

图 2-1　开始界面

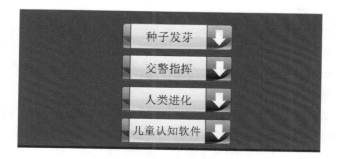

图 2-2　光标移入

图 2-3　鼠标按下

任务要求

本任务将完成控制按钮菜单的制作，当光标悬浮于按钮上的时候，控制按钮颜色变成黄色，当鼠标按下时，按钮显示绿色。控制按钮菜单的效果如图 2-1 所示；当光标悬浮于按钮上（种子发芽），显示图 2-2 的效果；当鼠标按下，按钮的显示效果如图 2-3 所示。

通过完成任务：

- 掌握 Sprite 类型对象的创建方法。
- 了解常用的鼠标事件，熟练使用常用的鼠标事件处理函数。
- 熟练使用 SpriteRenderer 进行图片的显示。
- 掌握多场景的切换方法。

（资源文件路径：Unity 3D/2D 移动开发实战教程（全彩版）\第 2 章\实例 1）

## 2.1 制作按钮

为了完成制作控制按钮菜单，需要制作每个按钮图片。因为准备三个按钮的素材图片是连成一体的，无法对图片进行操作，所以需要对图片进行切割，具体制作步骤如下。

### 2.1.1 图片切割

**步骤 1** 创建 2D 项目

启动 Unity，创建一个新的 2D 项目。

**步骤 2** 导入素材

（1）选中 Assets 文件夹，单击鼠标右键，选择 Create→Folder 命令，创建用来存放素标图片的文件夹，并命名为 Texture。

（2）接下来在 Windows 资源管理器中打开存放按钮素材的文件夹，将按钮素材直接拖曳至 Texture 文件夹中，在 Project 面板可以看到拖曳的素材。因为创建的是 2D 项目，所以导入图片后自动转换为 Sprite 对象，如图 2-4 所示。在 2D 项目中，图片被称为 Sprite（精灵）。

图 2-4　导入素材

**步骤 3** 图片切割

（1）单击按钮图片右侧的三角形按钮，可以看到三个按钮图片是连成一个整体的，无法对图片进行操作，这时需要使用 Sprite Editor 工具将连成整体的图片分割成若干个 Sprite 使用。具体操作方法是：使用鼠标选择名字为 1 的图片，在 Inspector 面板中将图片的 Sprite Mode 改为 Multiple 形式，如图 2-5 所示。

图 2-5　修改 Sprite Mode 格式

（2）接下来单击 Sprite Editor 按钮进行图片编辑，图 2-6 所示为打开的 Sprite Editor 编辑面板，在编辑面板的左上角单击自动切片 Slice 按钮，弹出如图 2-7 所示的面板，在面板 Type 的下拉列表中选择 Automatic 选项，单击该面板上的 Slice 按钮，然后再单击 Sprite Editor（编辑面板）偏右侧的 Apply 按钮。对其他图片名为 2、3、4 的按钮图片素材按同样的方式操作。

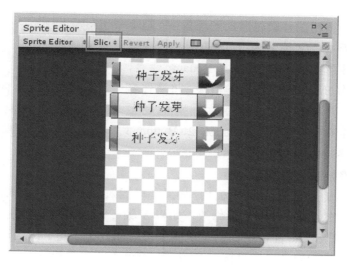

图 2-6　Sprite Editor 面板

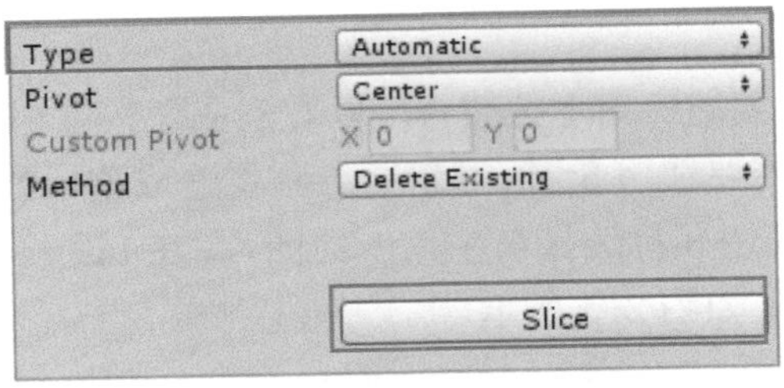

| Type | Automatic |
|------|-----------|
| Pivot | Center |
| Custom Pivot | X 0   Y 0 |
| Method | Delete Existing |

Slice

图 2-7　Slice 设置面板

（3）图片切割完成之后，单击图片右边的三角形按钮，就可以看到三个独立的图片了，效果如图 2-8 所示。

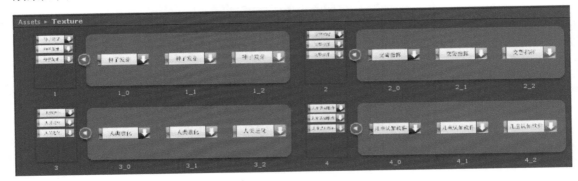

图 2-8　图片切割完成

### 2.1.2　添加按钮

**步骤 1**　将按钮加入场景

要将切割好的按钮图片素材添加到场景中，则首先从 Project 面板中将文件名为 1_0 的图片拖曳至 Hierarchy 面板，并单击鼠标右键，选择 Rename 命令，将图片重新命名为 Button_1。按上述步骤，将文件名为"2_0""3_0""4_0"的按钮图片分别拖曳至 Hierarchy 面板，并依次重新命名为 Button_2、Button_3 和 Button_4，最终效果如图 2-9 所示。

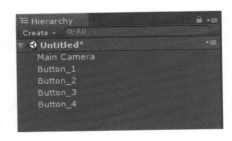

图 2-9　为按钮重命名

**步骤 2**　调整按钮的位置及大小

将按钮图片拖曳至 Hierarchy 面板后，如果觉得插入的按钮图片太大，可以在 Inspector 面板通过调整图片的 Scale 属性进行修改，如将 X 轴、Y 轴方向图片的大小均调整为 0.5，如图 2-10 所示。在 Scene 面板中我们发现多个图片重叠在一起了，这时可以从 Hierarchy 面板单击选中每个按钮对象，或直接在 Scene 面板单击图片进行移动操作（被单击的组件会显示 X 轴方向的红色箭头和 Y 轴方向的绿色箭头，以及两个箭头交点处的蓝色正方形。

拖曳箭头可以使组件向箭头的方向移动，拖曳蓝色正方形可以随意移动组件），对按钮进行摆放，如图 2-11 所示。若想让按钮图片对齐并均匀分布，可以通过设置 Transform 面板的 Position 属性来实现。

图 2-10　调整按钮大小

图 2-11　调整按钮位置

## 2.2　编辑脚本

在场景中摆放好按钮图片后，要对按钮图片进行控制，就需要编写程序来完成。

### 2.2.1　编写程序

**步骤 1** 创建脚本文件

（1）在 Project 面板的 Assets 文件夹上单击鼠标右键，在弹出的快捷菜单中选择 Create→Folder 命令，创建用来存放脚本文件的文件夹，并命名为 Script_UI。

（2）接下来双击打开 Script_UI 文件夹，在文件夹中单击鼠标右键，依次选择 Create→C# Script 命令，如图 2-12 所示，创建脚本文件，并命名为"UI_Control.cs"。然后双击打开 UI_Control.cs 文件进行程序编写。

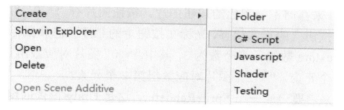

图 2-12　新建脚本文件

**步骤 2** 编写脚本

```
1.  using UnityEngine;
2.  using System.Collections;
3.  public class UI_Control : MonoBehaviour
4.  {
5.         public Sprite[] SpriteTexture = new Sprite[3];
6.         SpriteRenderer Sprite_Renderer;
7.         void Start ()
8.         {
9.                 Sprite_Renderer=gameObject.GetComponent
<SpriteRenderer> ();
10.        }
11.        void Update ()
12.        {}
13.        void OnMouseEnter ()
14.        {
15.                Sprite_Renderer.sprite = SpriteTexture [1];
16.        }
17.        void OnMouseDown ()
18.        {
19.                Sprite_Renderer.sprite = SpriteTexture [2];
20.        }
21.        void OnMouseUp ()
22.        {
23.                Sprite_Renderer.sprite = SpriteTexture [0];
24.        }
25.        void OnMouseExit ()
26.        {
27.                Sprite_Renderer.sprite = SpriteTexture [0];
28.        }
29. }
```

【程序代码说明】

第 5 行：因为我们需要鼠标对按钮进行不同的操作时，按钮应该呈现不同的状态，可以利用按钮图片颜色不同来表示鼠标对按钮的不同操作，因此需要声明一个 Sprite 类型的数组 SpriteTexture，来存储不同颜色的按钮图片。按钮图片有 "*_0" "*_1" "*_2" 三种，分别对应光标没在按钮上的正常状态、光标在按钮上的悬浮状态和鼠标按下按钮的按下状态，故设置 SpriteTexture 数组元素个数为 3，其中 "*_0" 图片对应数组第 0 个元素，"*_1" 图片对应数组第 1 个元素，"*_2" 图片对应数组第 2 个元素。

第 6 行：接下来需要声明一个 SpriteRenderer，这是 Unity 提供的用来切换 Sprite 外观的组件，通过此组件可以检测当前触发事件的 Sprite 是什么，并从数组中指定要显示数组中的第几张图片进行切换。

第7~10行：获得当前游戏体对象的SpriteRenderer组件，为Sprite_Renderer初始化。在 Unity 中，场景中的物体都可以称为是一个游戏体（GameObject），可以使用GetComponent 函数从当前游戏对象获取组件，只在当前游戏对象中获取，没得到就返回null，不会去子物体中寻找。

第 13~16 行：在光标移入状态下，利用 SpriteRenderer 组件切换 Sprite 外观为SpriteTexture 数组中第 1 个元素对应的图片。

第 17~20 行：在鼠标按下状态下，利用 SpriteRenderer 组件切换 Sprite 外观为SpriteTexture 数组中第 2 个元素对应的图片。

第 21~24 行：在鼠标弹起状态下，利用 SpriteRenderer 组件切换 Sprite 外观为SpriteTexture 数组中第 0 个元素对应的图片。

第 25~28 行：在光标移出状态下，利用 SpriteRenderer 组件切换 Sprite 外观为SpriteTexture 数组中第 0 个元素对应的图片。

### 2.2.2 将脚本与对象关联起来

**步骤 1** 建立对象与脚本的连接

（1）编写完脚本后，需要将脚本与对象进行关联，才能实现对按钮图片的控制。首先将Project 面板中的 UI_Control 程序文件拖曳到 Hierarchy 面板的 Button_1 按钮上。

（2）拖曳成功后选中 Button_1 按钮，在 Inspector 面板中可以看到 UI_Control 脚本组件，如图 2-13 所示。其他按钮也可以按照同样的方法进行设置。

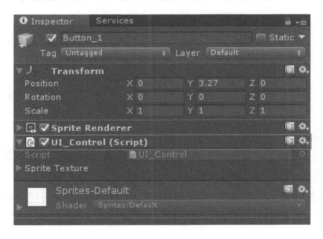

图 2-13 建立程序与脚本之间的连接

**步骤 2** 指定数组内容

建立连接后，选中 Button_1 对象，在 Inspector 面板中找到 UI_Control 组件区，打开Sprite Texture 下拉列表，为程序中声明的 SpriteTexture 数组指定图片文件。程序中已经设

置文件 "1_0" 状态为 0，文件 "1_1" 状态为 1，文件 "1_2" 状态为 2，因此在 Sprite Texture 的 Element 处将图片文件 "1_0" 拖曳至 Element 0 中，将图片文件 "1_1" 拖曳至 Element 1 中，将图片文件 "1_2" 拖曳至 Element 2 中，完成设置后的效果如图 2-14 所示。其余按钮也按照上述步骤进行操作，注意图片文件的不同即可。

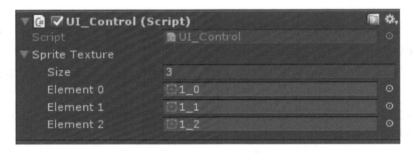

图 2-14　为 "Button_1" 组件数组赋值

**步骤 3** 加入碰撞检测器

在 Hierarchy 面板中选中 Button_1 对象，在菜单栏依次选择 Component→Physics2D→Box Collider2D 命令加入碰撞检测器，或者在 Inspector 面板下方单击 Add Component 按钮，添加碰撞检测器 Box Collider2D，如图 2-15 所示。其余按钮也按照此步骤添加 2D 碰撞检测器。

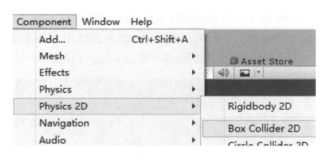

图 2-15　加入碰撞检测器

**步骤 4** 保存场景

（1）选择菜单栏中的 File→Save Scenes 命令进行场景保存，将该场景保存在本项目的 Assets 文件夹中，场景名字为 task3_UI。

（2）这样菜单界面就做好了，运行软件进行测试，可以看到按钮已经能显示出动态效果了。

## 2.3　场景切换

在 Unity 游戏开发中，很难在单个场景中解决所有问题，那么创建新场景和多个场景间的切换就成为了必然。

### 2.3.1　创建新场景

要创建新场景，我们可以在顶部菜单栏中执行 File→New Scene 命令，创建一个场景名字为 Scene1 的新场景。

在新创建的场景中完成设计后，需要保存场景。

### 2.3.2　加载场景

下面以实现由场景"task3_UI"切换到新创建的 Scene1 场景为例，演示场景切换的操作步骤。

**步骤 1**　添加场景切换脚本

（1）修改文件"UI_Control.cs"的脚本，添加引入 UnityEngine.SceneManagement。

```
using UnityEngine.SceneManagement;
```

（2）修改 OnMouseDown ()函数，添加场景切换的代码。

```
void OnMouseDown ()
{
        Sprite_Renderer.sprite = SpriteTexture [2];
        SceneManager.LoadScene ("scene1");
}
```

**步骤 2**　加载场景

选择顶部菜单栏中的 File→Build Settings 命令，将已完成的场景依次拖入 Scenes In Build 列表栏中后关闭，需要注意添加的次序，在本例中由场景 task3_UI 切换到场景 Scene1，需先添加场景 task3_UI，再添加场景 Scene1，也可在如图 2-16 所示的面板中通过拖动场景来改变顺序。

图 2-16　加载场景

**步骤 3**　运行软件

运行软件时，首先出现的是有按钮控制菜单的场景 task3_UI，单击该场景中的按钮，就由当前场景 task3_UI 跳转到场景 Scene1。

# 知 识 总 结

### 知识点一：Sprite 对象

Unity 图片类型为 Texture 时，没有办法为其加入动画、碰撞等效果，也无法用脚本来控制，可以将其设置为 Sprite。如飞机射击游戏中子弹、敌人等所有可操控或者有触发事件的对象都需要将其设置为 Sprite 类型。需要设置为 Sprite 类型的对象，基本上具备了以下任意一个条件。

（1）动画：在 2D 软件的任务设置中，最常遇到的就是动画的展示，例如角色在接收到指令时，会快速显示一连串动作的分解图，利用人眼视觉暂留的效果来达到角色动起来的错觉。

（2）碰撞与触发：在软件中最重要的设置就是碰撞检测与触发事件，如操作的角色触碰到某个对象（陷阱），就让角色执行某项动作（生命值减少）。这时候为了能够加入碰撞检测与程序控制，角色和陷阱都需要被设置为 Sprite 类型。

（3）UI 界面：软件中常常要使用到按钮，按钮事件的触发必须通过鼠标、键盘、手指等外来的操控方式，需要在程序中特别去监听这些外来操控方式的发生。

### 知识点二：Sprite 类型设置

Sprite 类型的设置方法为：首先选中要设置的图片，在 Inspector 面板中将图片的类型（Texture Type）选择为 "Sprite(2 D and UI )" 值。还可以根据需要对图片的 Sprite Mode 属性进行修改。该属性用来决定当前对象是用多少张图片组成的。如果选择 Single 值，就代表此对象由一张大图组成；如果选择 Multiple 值，就代表此对象由多张分割图片所组成。

### 知识点三：Sprite Editor 编辑器

有时因为准备的素材图片是连成一个整体的，无法对图片进行操作，所以需要对图片进行切割。这时就可以用 Unity 所提供的 Sprite Editor 编辑器来执行。在 Slice 分割设置菜单中提供了两种 Type 的切割方式，分别为 Automatic 和 Grid。

（1）自动分割（Automatic）：对整个图片中非透明背景的区域进行分割。选择自动分割时，会出现 Pivot、Method 等辅助选项。在本范例中，选择自动分割方式后，其余设置都采用默认值。最后单击 Slice 按钮，即可自动对每个按钮图片进行切割，如图 2-17 所示。

其中 Pivot 参数用于设置每张分割图的定位点，通常使用图片中心（Center）。Method 参数用于设置分割模式，在下拉列表中包含 Delete Existing、Smart 和 Safe 三种模式。当 Method 设置为 Delete Existing 模式时，删除原有的分割框重新分割；当 Method 设置为 Smart 模式时，会保留或调整原有的分割框进行分割；当 Method 设置为 Safe 模式时，则在不改变原有分割框下进行分割。

图 2-17　自动分割类型选择

（2）网格分割（Grid）：通过设置每格分割框的大小，以同样大小的框架范围进行图片的切割。因此选择网格分割时，出现的辅助设置选项是用来设置分割框尺寸的，如图 2-18 所示。

图 2-18　网格分割

其中 Pixel Size 参数用来设置每格分割框的宽（X）与高（Y）。Offset 参数用于设置所有分割框向右偏移（X）、向下偏移（Y）的量。Padding 参数用于设置每个分割框横向（X）和纵向（Y）的间距。Pivot 参数用于设置每张分割图的定位点。

知识点四：鼠标碰撞检测与事件监听

鼠标事件，都是当鼠标和 GUI 或者碰撞体（Collider）交互时候触发。鼠标事件有多种类型，当发生不同事件时会调用不同的函数，常用函数如下。

（1）OnMouseDown() 当鼠标按下：当用户鼠标在 GUIElement(GUI 元素)或Collider(碰撞体)上单击时，OnMouseDown 被调用。

（2）OnMouseDrag() 当鼠标拖曳：当用户鼠标在 GUIElement 或 Collider 上拖曳时，OnMouseDrag 被调用。需要说明的是，drag 其实就是鼠标 down 后 up 之前持续每帧都会发送此消息。

（3）OnMouseEnter() 当鼠标进入：当鼠标进入到 GUIElement 或 Collider 中时，调用 OnMouseEnter。

（4）OnMouseExit() 当鼠标退出：当用户鼠标退出 GUIElement 或 Collider 上时，OnMouseExit 被调用。

（5）OnMouseOver() 当鼠标经过：当用户鼠标在 GUIElement 或 Collider 上经过时，OnMouseOver 被调用。

（6）OnMouseUp() 当鼠标弹起：当用户释放鼠标按钮时调用 OnMouseUp。

（7）OnMouseUpAsButton() 当鼠标作为按钮弹起时：OnMouseUpAsButton 只有当鼠标在同一个 GUIElement 或 Collider 按下，再释放时调用。

### 知识点五：SpriteRenderer

在实现控制菜单按钮时，当鼠标实施不同的动作、菜单按钮颜色切换时，利用 Sprite_Renderer.sprite 脚本进行按钮图片的切换，将图片切换为数组中 Sprite 类型的图片，即鼠标实施不同动作，菜单按钮颜色发生的变化实质是显示的图片发生了改变。

### 试一试

请将本节制作控制菜单界面中的各个场景补充完整，要求如下。

（1）创建名字为 Scene1 至 Scene4 的四个场景，为每个场景分别添加一个"返回"按钮，从而实现鼠标按下、光标进入、光标退出、鼠标弹起等鼠标事件时按钮呈现不同的状态。

（2）单击场景 Scene1 至 Scene4 中的"返回"按钮，可以返回初始的控制菜单界面。

（3）从初始的控制菜单界面，单击"种子发芽"的按钮，可以打开名字为 Scene1 的场景，从该场景单击"返回"按钮，可以回到控制菜单界面。其他按钮以此类推，分别打开不同的场景，在场景中单击"返回"按钮，也可以回到控制菜单界面。

# 第3章 动画的编排与控制

Unity 提供的动画编辑工具有 Animation 和 Animator 两种，本章将介绍如何使用这两种工具对动画进行编排和控制。

## 3.1 编排动画：种子发芽

本节通过介绍制作"种子发芽"连续动画的过程，来学习利用 Animation 工具编排"画格"和"时间轴"，从而完成单独动画设计的方法。

动画是通过一格一格连续动作的图片串联成一个影片胶卷，然后以一定的速度逐格播放，只要眼睛长时间注视连续播放的图片，当每张图片播放速度足够快时，人眼就会发生"视觉暂留"现象，自动将这些快速播放的图片串联成流畅的动画。

在制作动画时，构成动画的基础就是"单张图片"和"影片胶卷连续播放"，将这两个基础元素投射到动画制作工具中，代表的就是所谓的"画格"和"时间轴"。画格用来存放单张图片，而时间轴用来编排这些图片的先后顺序与出现时间，当播放时就会按照时间轴的设置来显示这些画格，实现整个动画的视觉效果。

### 任务要求

本任务是制作种子发芽的连续动画。要设计种子发芽的连续动画，首先需要利用 Unity 提供的 Sprite Editor 编辑器进行图片切割，以获得种子发芽时不同状态的图片素材。然后进行动画设置，即把种子的图片加入到动画编辑器（Animation）中，调整好时间间隔和播放速度。本任务主要使用 Animation 来编排"画格"和"时间轴"，种子发芽动画的最终效果如图 3-1 所示。

图 3-1　种子发芽动画的效果

通过完成任务：

● 进一步熟悉 Sprite Editor 编辑器的使用方法，即如何在合成图片中提取元素。
● 掌握使用 Animation 制作动画的方法。

（资源文件路径：Unity 3D/2D 移动开发实战教程（全彩版）\第 3 章\实例 1）

### 3.1.1　Sprite 设置与编辑

**步骤 ①** 创建项目导入素材

启动 Unity，创建一个 2D 项目。在 Assets 文件夹上单击鼠标右键，选择 Import New Asset...命令，将名字为 Seed 的图片素材导入项目中，如图 3-2 所示。导入后图片自动转换为 Sprite 对象，如图 3-3 所示。

图 3-2　执行导入素材命令

图 3-3　动画素材

**步骤 ②** Sprite 设置

如果图片不是 Sprite 格式，需要先对素材进行 Sprite 设置，这样才可以进行后续的图片切割。要将种子发芽的图片类型（Texture Type）设置为 Sprite，则需要将 Sprite Mode 设置为 Multiple，然后单击 Apply 按钮，以应用相关设置，如图 3-4 所示。

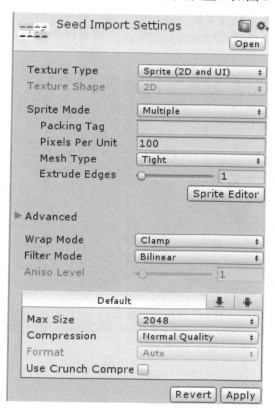

图 3-4　Sprite 设置

**步骤 ③** 图片切割

由于种子发芽是由多张分解动作图片所组成的一张大图片，因此在建立动画之前必须先将每个动作图片切割开来。这个操作可以通过 Unity 所提供的 Sprite Editor 来执行。关于图片切割，前面已经进行了详细讲解，在此不再赘述，图片切割完成后的效果如图 3-5 所示。

图 3-5　种子图片切割后效果

### 3.1.2　Animation 动画编排

**步骤① 创建对象**

图片切割完成后，原本的种子素材已经可以展开成单个的分割图。此时将分割出来的第一张图片"Seed_0"拖曳到 Hierarchy 面板，也就是将种子加入到场景中，并重新命名为 Seed，如图 3-6 所示。

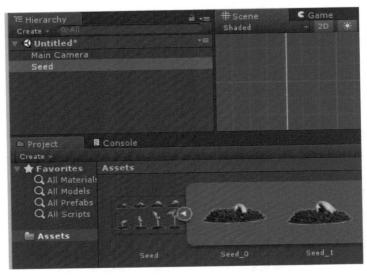

图 3-6　把分割出来的图片加入场景

**步骤② 动画编排**

（1）由于 Animation 动画编辑器原本默认为关闭状态，因此要在菜单栏中将编辑器打开，并把种子加入到动画编辑器中。操作方法为：依次在上方菜单栏中执行 Window→Anination 命令，打开 Animation 动画编辑窗口。

（2）单击选中刚刚加入 Hierarchy 面板中的 Seed 对象，回到动画编辑器窗口后，单击Create 按钮，建立动画文件，如图 3-7 所示。

图 3-7　Animation 动画编辑器

（3）在单击 Create 按钮建立动画文件时，会弹出保存动画文件的对话框，将动画文件命名为 Seed，保存路径设置在 Assets 文件夹下，存盘后会自动产生 Seed.controller 文件和 Seed.Anim 文件，如图 3-8 所示。

图 3-8　把动画文件保存到项目目录下

（4）保存完成后进入动画编辑模式，此时动画编辑器中的录制动画按钮会变成红色。接下来将所有种子发芽的图片从 Project 面板按顺序拖到 Animation 编辑器的画格位置，并选取固定的时间间距分开摆好，如图 3-9 所示。

图 3-9　设置动画的关键画格

（5）摆放好所有分解图片后，单击左上角红点即可取消编辑。单击旁边的播放按钮，就可以预览画格连续播放出来的动画效果。测试后，如果觉得播放速度不太合理，可以在 Animation 编辑器中调整 Samples 的参数，设置的数值越小，代表播放的速度越慢。

知 识 总 结

Unity 提供的 Animation 动画编辑器可以编辑物理动画。我们可以从 Unity 编辑器主界面上方的菜单栏中选择 Window→Animation 命令，打开 Animation 动画编辑器。Animation 是一种以画格来编辑动画的系统，每个对象都会有各自的时间轴，可以选择在不同的画格放入不同图片。单击 Animation 动画编辑器界面左上角的红点，即可取消编辑模式。单击旁边的播放按钮，就可以在场景中看到连续画格播放出来的动画效果。测试后，如果觉得播放速度不合理，可以在 Animation 动画编辑器中调整 Samples 参数，数值越小代表播放的速度越慢。

### 试一试

把如图 3-10 所示的素材（资源文件路径：Unity 3D/2D 移动开发实战教程（全彩版）\
第 3 章\试一试 1）导入到 Unity 中，完成花朵绽放的动画，要求如下：

（1）使用 Sprite Editor 对图片进行分割，得到动画素材。

（2）使用 Animation 动画编辑器制作花朵绽放的动画过程。

图 3-10　花朵素材

## 3.2　控制动画：交通安全

在 2D 游戏里最常出现的游戏方式就是让玩家操控游戏中的主角，通过移动等动作进行闯关前进。我们在操控这些主角时，仔细观察就会发现，每当主角收到不同动作的执行指令时，就会出现与之对应的动画，本节将要学习如何控制动画。

任务要求

本案例将要制作的交通安全控制动画，是由玩家通过按钮发出指令，使得交警可以做出各种动作。在完成本实例的过程中主要使用 Animation 进行动画制作，使用 Animator 设置动画状态之间的切换方式。当程序运行时，在窗口中会显示三个图形按钮的初始界面，如图 3-11 所示。单击不同按钮，会播放相应的动画，如图 3-12 所示。

图 3-11　交通安全动画初始界面

图 3-12　单击按钮后效果

通过完成任务：

- 掌握使用 Animator 进行动画切换的设置方法。
- 进一步熟悉 Animation 的使用方法。

（资源文件路径：Unity 3D/2D 移动开发实战教程（全彩版）\第 3 章\实例 2）

### 3.2.1　图片切割和动画制作

步骤 1　创建项目并导入素材

启动 Unity，创建一个新的 2D 项目。在 Assets 文件夹中单击鼠标右键，选择 Import New Asset…命令，将素材 Mr.Policeman 导入项目中。

步骤 2　图片切割

为了完成动画，需要将导入的素材 Mr.Policeman 切割成独立的图片文件。利用前面学习的图片切割方法完成图片切割，图片切割后的效果如图 3-13 所示。

图 3-13　图片切割后效果

步骤 3　创建动画

（1）为图片制作站立 Stand 动画。首先在 Project 面板的 Assets 文件夹中选择"Mr.Policeman_0"图片，拖至 Hierarchy 面板中，然后适当调整对象的大小和位置，并将此对象重新命名为 Mr.Policeman。

（2）单击 Hierarchy 面板中的 Mr.Policeman 对象，再选择上方菜单栏的 Window→Animation 命令，打开 Animation 动画编辑器界面。在动画编辑器中单击 Create 按钮建立动画，此时 Unity 会要求保存 Animation 动画文件，将文件命名为 Stand。

（3）接着打开 Project 面板的 Assets 文件夹，将 Mr.Policeman_0 图片拖曳至动画编辑器中第 0 画格并摆放好，然后单击预览按钮，观看动画效果。如果觉得动画执行速度过快，可调整 Samples 数值，如图 3-14 所示。

图 3-14　创建"Stand"动画

（4）因为要为同一 Mr.Policeman 制作不同动画，所以要在 Animation 编辑器中单击 Clip 下拉菜单，通过在下拉列表中选择 Create New Clip 命令来建立新的动画，将该动画文件命名为 Straight，如图 3-15 所示。接着将图片"Policeman_1"、图片"Policeman_2"、图片"Policeman_3"、图片"Policeman_4"和图片"Policeman_1"依次拖曳至动画编辑器中画格位置并摆放好，如图 3-16 所示。

图 3-15　创建 Straight 动画

图 3-16　编辑 Straight 动画

（5）以相同的方式在 Animation 编辑器中单击 Clip 下拉菜单，选择 Create New Clip 命令建立 Left 动画，如图 3-17 所示。然后将图片"Policeman_5"、图片"Policeman_6"和图片"Policeman_5"依次拖曳至动画编辑器中画格位置并摆放好。

图 3-17　创建 Left 动画

## 3.2.2　设置动画切换条件

**步骤 1** 动画间关联设置

完成动画的设置后，接下来要处理动画之间的关系。在游戏过程中，Straight 动画和 Left 动画不能同时进行，也就是说，要先完成一个动作停下来再完成第二个动作。

（1）在 Unity 中直接双击建立动画时产生的".controller"文件，该文件图标为，可以启动 Animator 控制器面板进行设置。此时，在 Assets 文件夹中找到 Mr.Policeman.Controller 文件并双击，打开 Animator 控制器面板，关于设置 Stand、Straight 和 Left 三个动画状态之间的动作关联性，如表 3-1 所示。

表 3-1　设置 Stand、Straight 和 Left 动作关联性

| 成立与否 | 关联性 |
| --- | --- |
| 成立 | Left 后 Stand |
| 不成立 | Left 后 Straight |
| 不成立 | Straight 后 Left |
| 成立 | Straight 后 Stand |
| 成立 | Stand 后 Left |
| 成立 | Stand 后 Straight |

（2）为完成上述关联设置，先在 Stand 状态上单击鼠标右键，弹出的菜单中选择 Make Transition 命令，然后在 Straight 状态上单击，就会出现一条指向 Straight 状态的白色指向线。相同的操作，完成如图 3-18 所示的四条指向线，其中两条是由 Stand 状态分别指向 Straight 状态和 Left 状态，另外两条分别由 Straight 状态和 Left 状态指向 Stand 状态。这样界面中就有四条指向线，分别对应表格中的四种成立状态。

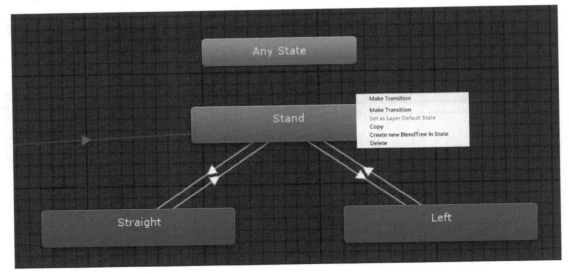

图 3-18　为动作之间建立关联

步骤 ② 为动画切换增加触发条件

（1）指向线设置完成后，每个动作都会按照设置好的路线去切换动作，因为动作的切换需要一定的触发条件，所以接下来要为动作切换增加触发条件。首先声明两个条件变量，在 Animator 控制器面板的左上角可以看到 Parameters 选项，单击旁边的"＋"按钮，在弹出的菜单列表中选择 Bool 选项，创建两个 Bool 类型条件变量，两个变量分别取名为 Straight 和 Left，如图 3-19 所示。

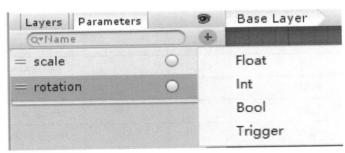

图 3-19　为动作切换声明 Bool 变量

（2）接着为状态切换设置触发条件。单击一条指向线之后，可以从 Inspector 面板中看到这条指向线的属性。以 Stand 状态到 Straight 状态这条线为例（指向线变为蓝色），在 Conditions 属性中设置条件变量 Straight 为 true，表示当条件变量 Straight 值为 true 时触发 Straight 动画，如图 3-20 所示。可以按下键盘上的 Delete 键删除错误的指向线。

（3）当从 Straight 状态切换到 Stand 状态时，在 Conditions 属性中设置 Straight 为 false。四条线的设置内容，如表 3-2 所示。

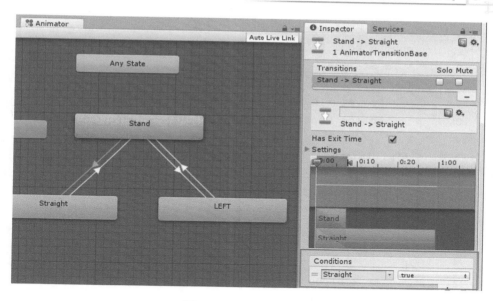

图 3-20　设置触发条件

表 3-2　四条指向线触发条件

| 路径 | 使用变量 | 布尔值 |
| --- | --- | --- |
| Stand→Straight | Straight | true |
| Straight→Stand | Straight | false |
| Stand→Left | Left | true |
| Left→Stand | Left | false |

### 3.2.3　编写脚本控制动画

完成动作间的切换条件设置后，还需要给条件变量赋值，这需要编写脚本。

**步骤 1**　创建脚本文件

（1）在 Project 面板的 Assets 文件夹下新建一个文件夹，命名为 Script。

（2）打开 Script 文件夹，在文件夹中单击鼠标右键，在弹出的快捷菜单中选择 Create
→ "C#　Script" 命令，创建 "C#　Script" 文件，并命名为 Control.cs，双击打开该文件。

**步骤 2**　编写脚本

```
1.  using System.Collections;
2.  using System.Collections.Generic;
3.  using UnityEngine;
4.  public class Control : MonoBehaviour
5.  {
6.      public GameObject Player;
7.      public Animator Action_Controller;
```

```
8.      public bool Straight;
9.      public bool Left;
10.     void Start ()
11.     {
12.         Player = gameObject;
13.         Action_Controller = Player.GetComponent<Animator> ();
14.     }
15.     void Update ()
16.     {
17.         Action_Controller.SetBool ("Straight", Straight);
18.         Action_Controller.SetBool ("Left", Left);
19.     }
20.     void OnGUI ()
21.     {
22.         if (GUI.Button (new Rect (0, 0, 80, 50), "Stand")) {
23.             Straight = false;
24.             Left = false;
25.         }
26.         if (GUI.Button (new Rect (0, 50, 80, 50), "Straight")) {
27.             Straight = true;
28.             Left = false;
29.         }
30.         if (GUI.Button (new Rect (0, 100, 80, 50), "Left")) {
31.             Straight = false;
32.             Left = true;
33.         }
34.     }
35. }
```

【程序代码说明】

第6行：定义所要操作的对象。

第7行：定义 Animator 对象。

第12～13行：获取当前所要操作的对象以及它的 Animator 组件，gameObject 指的就是脚本绑定的 GameObject 对象。

第17行：使用 SetBool 函数给 Animator 中定义的变量赋值，该函数中第一个参数是 Animator 面板中定义的变量名称，第二个参数是程序代码内的变量名称。

第18行：使用 SetBool 函数给在 Animator 中定义的 Left 变量赋值。

第22～25行：在屏幕上绘制 Stand 按钮，并且实现单击 Stand 按钮时播放 Stand 动画。

第26～29行：在屏幕上绘制 Straight 按钮，并且实现单击 Straight 按钮时播放 Straight 动画。

第 30～33 行：在屏幕上绘制 Left 按钮，并且实现单击 Left 按钮时播放 Left 动画。

**步骤 3** 将脚本连接至 Sprite 对象

（1）编写完脚本后，将脚本文件 Control.cs 拖曳至 Hierarchy 界面内的 Mr.Policeman 对象上，以建立脚本与对象的连接。

（2）运行软件进行测试时，在 Game 面板左边会出现 Stand、Straight 和 Left 三个按钮，单击相应的按钮，可以控制交警做不同的动作。

➤——— 知 识 总 结 ———◆

Animator 组件用于设置多个动画状态之间的关联关系，Animator 组件的相关属性如图 3-21 所示。

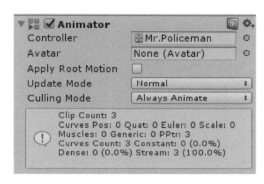

图 3-21　Animator 组件

其中 Controller 属性用于指定.controller 文件；Avatar 属性用于指定使用的骨骼文件；Apply Root Motion 属性用于设置绑定该组件的 GameObject 的位置是否可以由动画进行改变，前提是存在改变位移的动画；Update Mode 属性为更新模式，当将该属性设置为 Normal 时，表示使用 Update 进行更新；而 Culling Mode 属性为剔除模式，将该属性设置为 Always Animate 时，表示即使摄像机看不见也要进行动画播放的更新。

💎 试一试

在项目中导入图 3-22 的素材（资源文件路径：Unity 3D/2D 移动开发实战教程（全彩版）\第 3 章\试一试 2），为 Mr.Policeman 对象增加一组动作，并增加能够控制动作切换的按钮，具体要求如下。

（1）对导入的素材进行分解切割。

（2）使用 Animation 为 Mr.Policeman 对象增加一组动作动画。

（3）在 Animator 控制器面板中设置动画之间的转换和触发。

（4）在 UI 中增加一个按钮，用于控制播放新增的动作。

图 3-22　导入素材

# 第4章 碰撞与触发：气球漫游

本章主要通过完成气球漫游的实例，介绍碰撞器和触发器的使用。

任务要求

本任务将完成气球漫游的操作动画。在该操作动画中操作者可以控制气球移动，当气球移动碰到钉子阵时会被阻止；按下键盘上向上的方向键，可以控制气球向上弹起，当气球落在钉子阵上时，气球出现晃动，但并没有破裂；继续移动气球，当气球碰撞到橘子皮时，气球自动爆炸。气球漫游运用碰撞器、触发器完成各个状态间的动画切换，运用销毁与生成这两个函数进行状态变换，将爆炸状态制作成预制体重复使用，最终制作成气球漫游小软件。气球漫游动画的最终效果如图 4-1~图 4-3 所示。

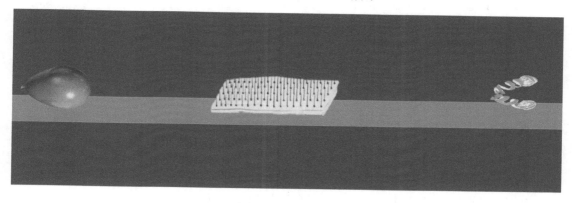

图 4-1  初始状态

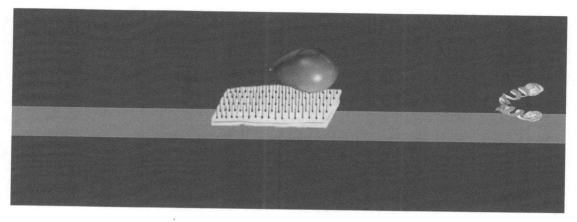

图 4-2  气球位于钉子阵上

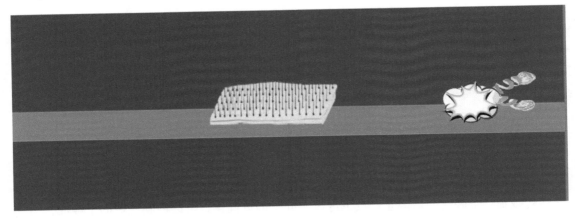

图 4-3　气球碰到橘子皮爆炸

通过完成任务：
● 掌握碰撞器与触发器的使用方法。
● 理解碰撞器与触发器的区别。
● 能够运用销毁与生成这两个函数进行角色的变换。
● 掌握预制体对象的制作方法。

（资源文件路径：Unity 3D/2D 移动开发实战教程（全彩版）\第 4 章\实例 1）

## 4.1　创建对象

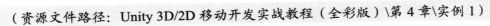

气球漫游软件中，控制气球移动，气球落到钉子阵时出现晃动，碰到橘子皮时爆破。本节将创建需要用到的各种对象，并为对象添加相应动画。

### 4.1.1　创建地板对象

步骤 1　导入素材

打开 Unity，新建一个 2D 项目。在 Assets 文件夹下创建子文件夹，命名为 Picture，将准备好的素材拖动至 Picture 文件夹中，如图 4-4 所示。

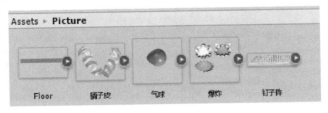

图 4-4　导入素材

**步骤 2** 创建 Floor 对象

（1）先将 Assets\Picture 文件夹下的 Floor 图片直接拖曳至 Hierarchy 面板中。

（2）选中 Hierarchy 面板中的 Floor 对象，在右边的 Inspector 面板中设置 Floor 的位置（Position）和大小（Scale）。地板的位置与大小设置如图 4-5 所示。

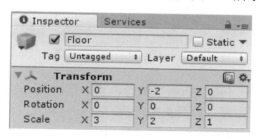

图 4-5 设置地板的位置与大小

**步骤 3** 添加 Edge Collider 2D 边缘碰撞器

（1）选中 Hierarchy 面板中的 Floor 对象，在右边的 Inspector 面板中单击 Add Component 按钮，选择 Physics2D→Edge Collider 2D 选项，如图 4-6 所示。即可为 Floor 对象添加 Edge Collider 2D 边缘碰撞器。

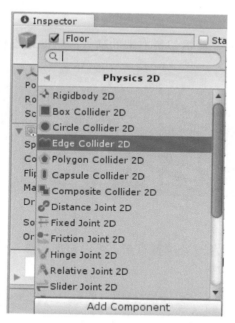

图 4-6 添加 Edge Collider 2D

（2）场景中地板图片内会出现一条绿色的水平碰撞检测线，这条检测线就是承受其他对象的地板，因此要选择碰撞器来触发物理阻挡，注意在这里不勾选 Is Trigger 复选框。

（3）此时边线所处的位置可能不是理想的位置，那么在 Inspector 面板中展开 Edit Collider 2D 组件，然后单击 Edit Collider 按钮，如图 4-7 所示。

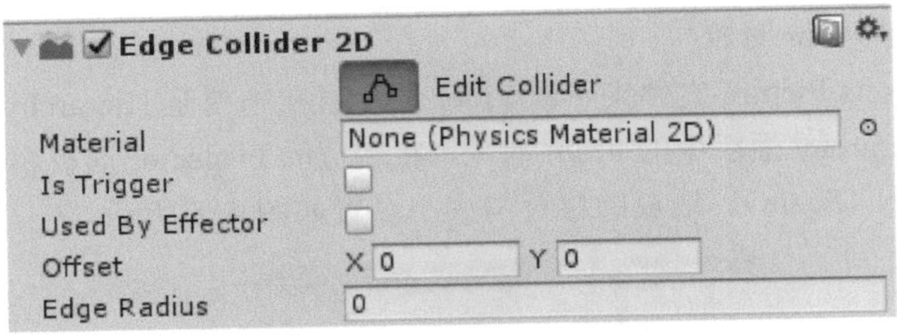

| ▼ ⛰ ☑ Edge Collider 2D | | | |
|---|---|---|---|
| | ⟋ Edit Collider | | |
| Material | None (Physics Material 2D) | | ⊙ |
| Is Trigger | ☐ | | |
| Used By Effector | ☐ | | |
| Offset | X 0 | Y 0 | |
| Edge Radius | 0 | | |

图 4-7　单击 Edit Collider 按钮

（4）接着在 Scene 面板中对这条碰撞线的位置进行设置。用鼠标拖动绿色水平碰撞线最左端的顶点，移动顶点位置，如图 4-8 所示。

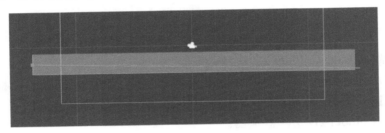

图 4-8　移动碰撞线左端点

（5）同理，拖动绿色水平碰撞线最右端的顶点，移动顶点位置，如图 4-9 所示。

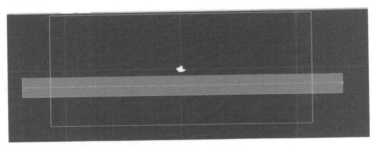

图 4-9　移动碰撞线右端点

（6）鼠标在碰撞线上任意一处位置点击，可以添加顶点，使水平碰撞线变成曲线碰撞线，如图 4-10 所示。

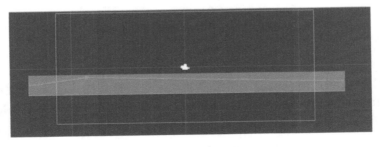

图 4-10　添加顶点

（7）按住 Ctrl 键，绿色碰撞线会变成红色，如图 4-11 所示。鼠标单击红色碰撞线上的顶点，此时添加的顶点会被删除，还原到原来的水平碰撞线。

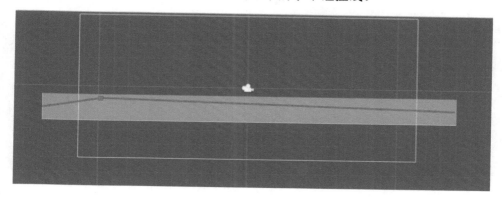

图 4-11　删除顶点

## 4.1.2　创建气球对象

步骤 1　切割图片

本次任务需要创建两个动态游戏对象，分别为气球（Balloon）、爆炸气球（ExplodeBalloon）。利用前面所学知识，对 Assets\Picture 文件夹中的图片进行切割。

步骤 2　创建 Balloon 对象

（1）将名为气球的图片直接拖曳至 Hierarchy 面板中，并重新命名为 Balloon。

（2）选择 Hierarchy 面板中的 Balloon 对象，在右边 Inspector 面板中修改位置（Position）和大小（Scale）属性，如图 4-12 所示。

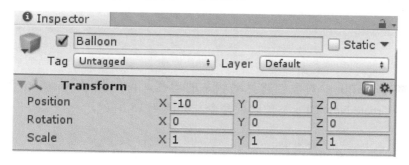

图 4-12　修改气球的位置和大小属性

步骤 3　制作动画

（1）选中 Hierarchy 面板中的 Balloon 对象，在菜单栏执行 Window→Animation 命令，如图 4-13 所示。

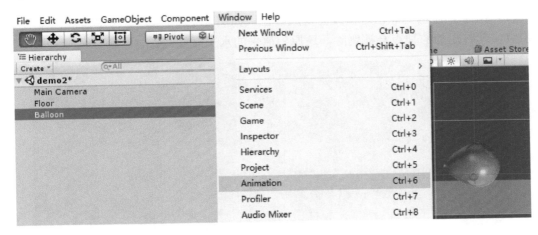

图 4-13　选择 Animation 命令

（2）在打开的 Animation 编辑器中，单击右侧的 Create 按钮添加动画，将动画命名为 Balloon_idle，并保存动画。

（3）将气球图片拉入至画格中第 0 格的位置，即可为 Balloon 对象制作静止不动的动画，如图 4-14 所示。

图 4-14　Balloon_idle 动画设置

（4）接着为 Balloon 对象创建晃动状态的动画。首先在 Animation 编辑器中选择 Ballon_idle →Create New Clip 下拉选项命令，如图 4-15 所示。

图 4-15　选择 Create New Clip 选项

（5）新建动画文件并命名为balloon_shake。此时，Animation面板中显示为balloon_shake。单击Add Property按钮，在展开的属性中，选择Scale选项，单击其右侧的"+"按钮，如图4-16所示。

图4-16 为对象添加缩放晃动动画

（6）系统会自动在第0画格和第60画格添加关键帧。在第30画格上方的地方双击鼠标，代表复制第0画格到这些位置上，如图4-17所示。

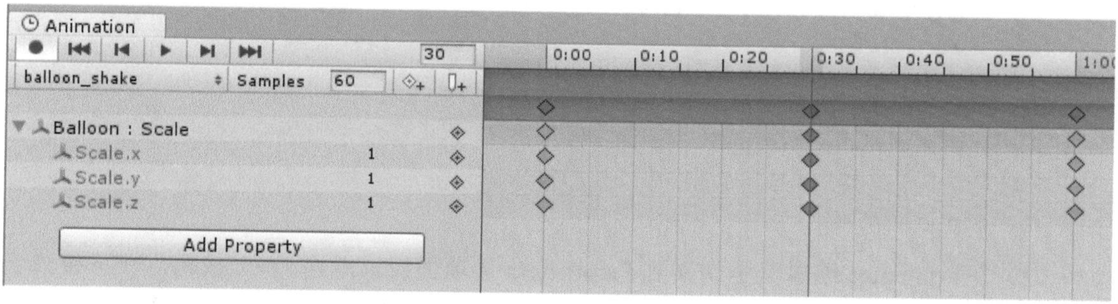

图4-17 复制画格

（7）接着选择第30画格，将x，y的数值都调整为1.05，如图4-18所示。设置完毕后可以单击左上角的预览按钮来查看效果。

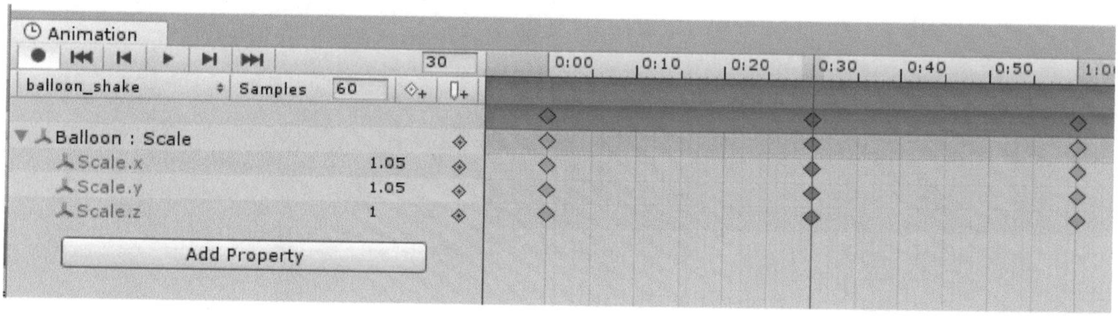

图4-18 设置第30画格

（8）预览动画并查看效果，可以适当调整动画播放速度，设置好动画后关闭Animation

编辑器即可。

**步骤 4** 设置动画切换

（1）接下来进行动画间的关联设置，选中 Hierarchy 面板中的 Balloon 对象后，在菜单栏中选择 Window→Animator 命令，如图 4-19 所示。

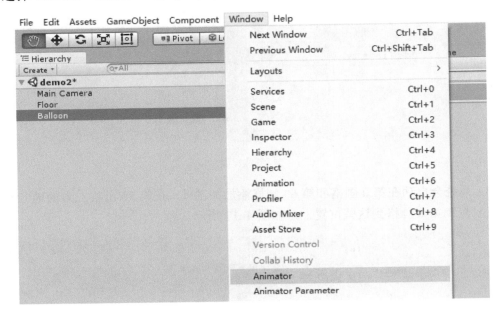

图 4-19 选择 Animator 命令

（2）在 Animator 编辑器中切换到 Parameters 选项面板，单击"+"按钮，在下拉列表中选择 Bool 选项，添加一个 Bool 类型的变量，变量名为 balloon_shake，如图 4-20 所示。

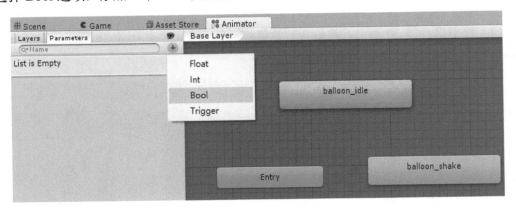

图 4-20 添加 Bool 变量 balloon_shake

（3）鼠标右键单击 Animator 编辑器中橘黄色的 balloon_idle 状态图标，选择 Make Transition 选项，连接到 balloon_shake 状态图标上。再右键单击 balloon_shake 状态图标，选择 Make Transition 选项，连接到橘黄色的 balloon_idle 状态图标上，这样就在 balloon_idle 状态图标和 balloon_shake 状态图标之间出现了双向连线，如图 4-21 所示。

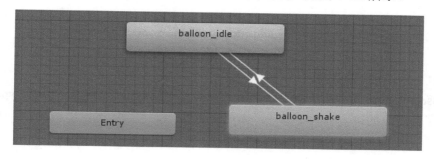

图 4-21　双向连线

（4）要在 Inspector 面板中设置 conditions 的属性，则需要单击 balloon_idle 至 balloon_shake 方向的连线，此时连线会变成蓝色，如图 4-22 所示。找到 Inspector 面板中的 Conditions 属性，添加切换条件 balloon_shake 为 true，如图 4-23 所示。

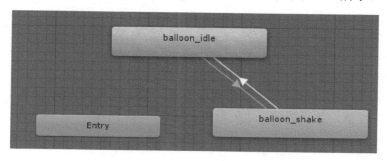

图 4-22　单击连线

图 4-23　设置 Conditions 属性

（5）单击 ballon_shake 至 balloon_idle 方向的连线，找到 Inspector 面板中的 Conditions 属性，设置切换条件，选择 ballon_shake 变量为 false，如图 4-24 所示。

图 4-24　设置切换条件

上面完成的一系列工作，就是通过 Animation 编辑器为 Balloon 气球对象添加一个不动时的动画 balloon_idle 和一个晃动时的动画 ballon_shake，利用 Animator 组件将这两个动画进行关联，使用 Bool 类型变量 ballon_shake 来控制气球由不动到晃动时的状态改变。

### 4.1.3  创建钉子阵对象和橘子皮对象

**步骤 1** 创建钉子阵对象

将 Assets\Picture 文件夹下的钉子阵图片拖曳到 Hierarchy 面板中，并在 Inspector 面板中设置钉子阵对象的位置和大小属性，如图 4-25 所示。

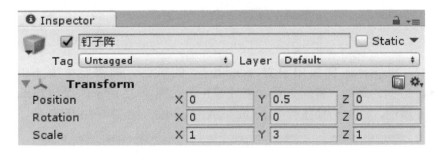

图 4-25  设置钉子阵的大小和位置

**步骤 2** 创建橘子皮对象

同理，将 Assets\Picture 文件夹下的橘子皮图片拖曳到 Hierarchy 面板中，然后设置它的位置、大小属性值，并且旋转一定的角度，如图 4-26 所示。

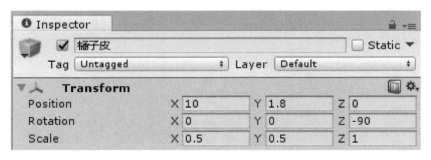

图 4-26  设置橘子皮属性

### 4.1.4  创建爆炸气球对象

**步骤 1** 创建对象

（1）将图片爆炸_0 直接拖曳至 Hierarchy 面板中，并重新命名为 ExplodeBalloon。

（2）选择 Hierarchy 面板中的 ExplodeBalloon 对象，在右边的 Inspector 面板中修改该对象的位置（Position）和大小（Scale）属性，如图 4-27 所示。

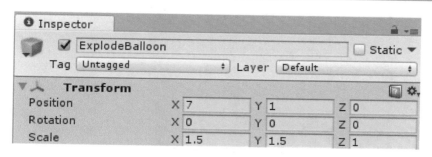

图 4-27　设置爆炸气球的位置和大小

**步骤 2**　制作动画

（1）为 Hierarchy 面板中的 ExplodeBalloon 对象添加动画。首先选中 Hierarchy 面板中的 ExplodeBalloon 对象，在菜单栏执行 Window→Animation 命令。

（2）在打开的 Animation 编辑器中，单击右侧的 Create 按钮添加动画，并将动画命名为 ExplodeBalloon。

（3）将图片爆炸_0 摆放至画格中 0 格的位置，图片爆炸_1 摆放至画格中 30 格的位置，图片爆炸_2 摆放至画格中 60 格的位置，如图 4-28 所示。

图 4-28　ExplodeBalloon 动画设置

（4）预览动画，查看效果，可以适当调整动画播放速度，设置好动画后关闭 Animation 编辑器即可。ExplodeBalloon 对象只有一种动画，程序一运行默认播放该动画。

## 4.1.5　添加图层

在 2D 平面下，有些对象会被遮挡，添加图层的目的是通过调整图层顺序，可以使其显示出来。

**步骤 1**　添加 front 和 behind 图层

（1）选中 Hierarchy 面板中的 Balloon 对象，在 Inspector 面板中展开 Sprite Renderer 折叠按钮，选择 Sorting Layers 下的 Add Sorting Layer 命令，如图 4-29 所示。

（2）单击"+"按钮，添加两个图层，分别命名为 front 和 behind，最后创建的图层会显示在最上面，如图 4-30 所示。

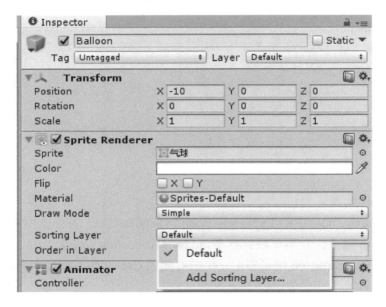

图 4-29　选择 Add Sorting Layer 命令

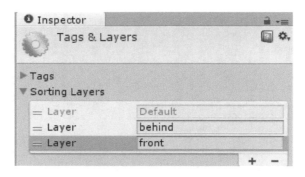

图 4-30　添加图层

**步骤 2** 设置图层

（1）选择 Hierarchy 面板中的 Balloon 对象，在右边的 Inspector 面板中，将 Sorting Layer 属性设置为 front，如图 4-31 所示。

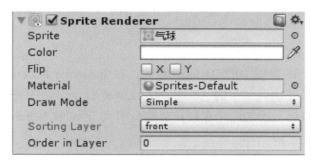

图 4-31　设置图层属性

（2）依次为 Hierarchy 面板中的其他对象设置图层位置，如表 4-1 所示。

表 4-1　各个对象的 Sorting Layer 属性

| 对象 | Sorting Layer 属性 |
| --- | --- |
| Balloon | front |
| ExplodeBalloon | front |
| 钉子阵 | front |
| 橘子皮 | front |
| Floor | behind |

（3）完成以上操作后查看效果，如图 4-32 所示。

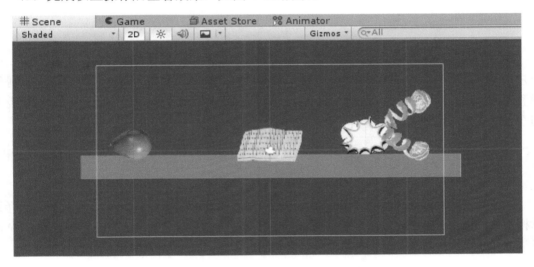

图 4-32　查看添加对象后的效果

（4）可以看到橘子皮挡住了爆炸效果，为了让爆炸效果显示在前面，对于同一层的对象，可以通过设置 Order in Layer 属性进行处理，这里将爆炸气球的 Order in Layer 属性设置为 1（数值越大显示越靠前），如图 4-33 所示。最终的效果如图 4-34 所示。

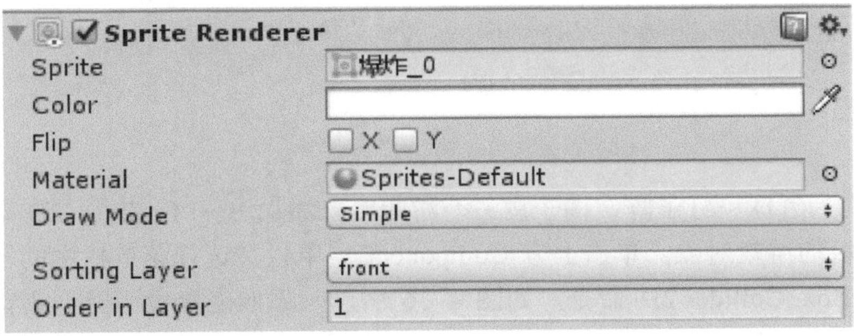

图 4-33　设置 Order in Layer 选项

图 4-34　最终效果

## 4.2　碰撞检测

通过前面动画编排与条件设置，使得气球具备了动画效果，但是和钉子阵、橘子皮并没有交互。本节将分别给这些对象添加碰撞体，并编写相应的代码，控制气球移动碰撞钉子阵引发其晃动，之后碰撞橘子皮触发爆炸动画，从而完成气球漫游的全过程。

### 4.2.1　添加碰撞器和触发器

（1）为气球对象添加 Rigidbody 2D。首先选中 Hierarchy 面板的 Balloon 对象，选择菜单栏中 Component→Physics2D→Rigidbody 2D 命令，如图 4-35 所示。或者在 Inspector 面板下方单击 Add Component 按钮，添加 Rigidbody 2D，所有设置采用默认值。

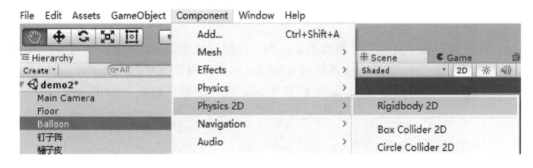

图 4-35　添加 Rigidbody 2D

（2）分别为气球、钉子阵、橘子皮三个游戏对象添加 Box Collider 2D 碰撞器。选中 Hierarchy 面板的游戏对象，单击上方 Component 菜单栏，选择菜单栏中的 Component→Physics 2D→Box Collider 2D 命令，如图 4-36 所示，添加碰撞检测器。或者在 Inspector 面板下方单击 Add Component 按钮，添加碰撞检测器 Box Collider 2D。

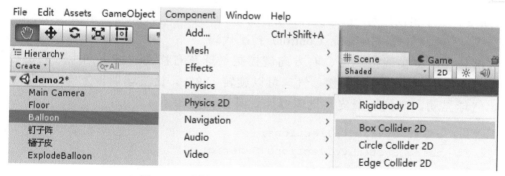

图 4-36 添加 Box Collider 2D 碰撞检测器

（3）将气球和钉子阵之间的碰撞设置为碰撞器，将气球和橘子皮之间的碰撞设置为触发器。设置触发器的操作方法是：首先选择 Hierarchy 面板中的橘子皮对象，在右边的 Inspector 面板中找到 Box Collider 2D 组件，勾选 Is Trigger 复选框，即可将碰撞器改为触发器，如图 4-37 所示。

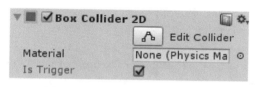

图 4-37 勾选 Is Trigger 复选框

（4）选择 Hierarchy 面板中的 Balloon 对象，在右边 Inspector 面板中找到 Box Collider 2D 属性，单击 Edit Collider 按钮，如图 4-38 所示。

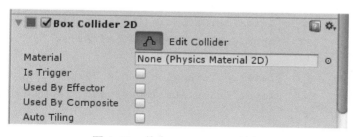

图 4-38 单击 Edit Collider 按钮

（5）这时在场景中就可以对 Balloon 对象的碰撞检测器进行修改，将其调整到一个合适的大小，如图 4-39 所示。采用同样的方法对其他对象的碰撞检测器进行修改。

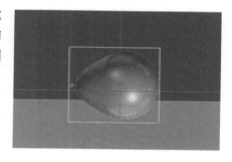

### 4.2.2 编写气球控制代码

**步骤 1** 创建脚本文件夹

在 Assets 中创建一个新的子文件夹，命名为 Script。

图 4-39 修改碰撞检测器

在 Script 文件夹中再创建两个脚本文件，分别命名为 Balloon_Control 和 Tool_Control。

**步骤 2** 编写气球（Balloon_Control）控制代码

这部分代码将实现按下左、右方向键控制气球左右移动，按下向上方向键控制气球弹起。若按下的是向左方向键，气球可以旋转 180°，让气球调转方向。若碰到了钉子阵，气球晃动。碰到橘子皮，气球爆炸。具体代码如下。

```
1.  using System.Collections;
2.  using System.Collections.Generic;
3.  using UnityEngine;
4.  public class Balloon_Control : MonoBehaviour
5.  {
6.      Animator Main_Animator;
7.      Transform Player;
8.      public Transform balloon_explode;
9.      public bool balloon_shake;
10.     public float MoveSpeed;
11.     void Start ()
12.     {
13.         Player = gameObject.transform;
14.         Main_Animator = Player.GetComponent<Animator> ();
15.         MoveSpeed = 10f;
16.     }
17.     void Update ()
18.     {
19.         Main_Animator.SetBool ("balloon_shake", balloon_shake);
20.         if (Input.GetKey (KeyCode.LeftArrow))
21.         {
22.             Player.eulerAngles = new Vector3 (0, 180, 0);
23.             Player.Translate (MoveSpeed * Time.deltaTime, 0, 0);
24.         }
25.         if (Input.GetKey (KeyCode.RightArrow))
26.         {
27.             Player.eulerAngles = Vector3.zero;
28.             Player.Translate (MoveSpeed * Time.deltaTime, 0, 0);
29.         }
30.         if (Input.GetKey (KeyCode.UpArrow))
31.         {
32.             Player.Translate (0, MoveSpeed * Time.deltaTime, 0);
33.         }
34.     }
35.     void OnCollisionEnter2D (Collision2D c)
36.     {
```

```
37.            if (c.gameObject.name == "钉子阵") {
38.                balloon_shake = true;
39.            }
40.        }
41.    void OnCollisionExit2D (Collision2D c)
42.    {
43.        if (c.gameObject.name == "钉子阵")
44.        {
45.            balloon_shake = false;
46.        }
47.    }
48.    void OnTriggerStay2D (Collider2D c)
49.    {
50.        if (c.gameObject.name == "橘子皮")
51.        {
52.            Destroy (gameObject);
53.            Instantiate (balloon_explode, this.transform.position,
Quaternion.identity);
54.        }
55.    }
56. }
```

【程序代码说明】

第 6 行：声明一个 Animator 类对象。

第 7～8 行：声明 Player 对象和 balloon_explode 对象。

第 9 行：声明 bool 类型的变量 balloon_shake，用于动画切换。

第 10 行：声明一个 float 变量来存储角色移动速度。

第 13 行：获取玩家对象本身。

第 14 行：获取 Animator 组件。

第 15 行：设置移动速度为 10。

第 19 行：为动画控制器变量 balloon_shake 设置值。

第 20～24 行：判断是否按下了向左的方向键，对象水平旋转 180°，向左边方向移动。

第 25～29 行：判断是否按下了向右的方向键，对象旋转值归零，对象向右边方向移动。

第 30～33 行：判断是否按下了向上的方向键，对象向上移动。

第 35～40 行：如果碰到钉子阵，设置 balloon_shake = true，即播放动画。

第 41～47 行：如果离开钉子阵，设置 balloon_shake = false。

第 48～55 行：如果碰到橘子皮，销毁对象，气球爆炸。进入触发器时会调用 OnTriggerStay2D 函数，进入碰撞器时会调用 OnCollisionEnter2D 函数。

步骤 3  为 Balloon 对象添加脚本组件

将创建的脚本添加到 Hierarchy 面板的 Balloon 对象上。运行程序进行测试，气球已经能够移动。碰到钉子阵时会被阻止，按下向上的方向键气球会被弹起，落入钉子阵后，气球出现晃动。碰到橘子皮后气球爆炸。但是气球爆炸的动画一直显示在屏幕上，也没有消失，这些问题将在下面解决。

### 4.2.3　编写爆炸控制代码

**步骤①** 编写爆炸控制代码（Tool _Control）

```
1.  using System.Collections;
2.  using System.Collections.Generic;
3.  using UnityEngine;
4.  public class Tool_Control : MonoBehaviour {
5.  void Update ()
6.    {
7.    Destroy (this.gameObject,1);
8.    }
9.    }
```

【程序代码说明】
第 7 行：表示过 1 秒钟后销毁当前对象

**步骤②** 为 ExplodeBalloon 对象添加脚本组件

将创建的脚本添加到 ExplodeBalloon 对象上。现在运行程序进行测试，发现爆炸过程也能消失了。

## 4.3　创建预制体

**步骤①** 创建 ExplodeBalloon 预制体

（1）在 Assets 文件夹中新建一个子文件夹，命名为 Prefab。将 Hierarchy 面板中的 ExplodeBalloon 对象作为预制体拖曳到 Prefab 文件夹中，如图 4-40 所示。只要将 Hierarchy 面板拖曳到 Project 面板中，就是创建了预制体。

（2）选中 Hierarchy 面板中的 Balloon 对象，将 ExplodeBalloon 预制体拖曳到右边 Inspector 面板中 Balloon_Control 脚本组件的 Balloon_explode 栏中，如图 4-41 所示。

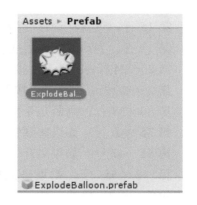

图 4-40　创建预制体 ExplodeBalloon

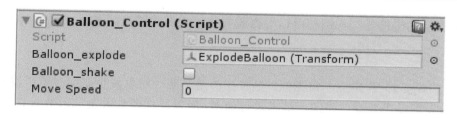

图 4-41　添加预制体

**步骤 2**　运行软件

（1）将预制体对象添加后，删除 Hierarchy 面板中的 ExplodeBalloon 对象。

（2）运行软件，发现一开始不会出现爆炸效果，而是在后期动态创建。

（3）最后保存场景文件。

**知识总结**

**知识点一：碰撞与碰撞器**

　　要产生碰撞必须为游戏对象添加刚体（Rigidbody）和碰撞器(Collider)，刚体可以让物体在物理影响下运动，而碰撞器是一群组件，包含了很多种类型，不同的类型应用于不同的场合，但必须加到 GameObject 上。物体发生碰撞的必要条件是两个物体都必须带有碰撞器，其中一个物体还必须带有 Rigidbody 刚体。

　　（1）Rigidbody 2D（刚体碰撞器）：任何会动的对象都需要加入刚体碰撞器，玩家所操控的主角加入刚体碰撞器后，在对象外观的显示上没有任何的不同。但是在 Inspector 面板中可以为对象调整摩擦力（Mass）、线性阻力（Linear Drag）、旋转阻力（Angular Drag）、重力（Gravity Scale）等参数，用来模拟真实世界的物理现象。

　　（2）Box Collider 2D（箱形碰撞器）：箱形碰撞器，又称盒装碰撞器，可以快速为对象加入一个方形的检测层。加入箱形碰撞器后，在对象的外观可以看到一条由绿线组成的框架，此框架就是碰撞的检测范围，在 Inspector 面板中可以调整此碰撞器的中心坐标和长宽尺寸。

　　（3）Circle Collider 2D（圆形碰撞器）：圆形碰撞器可以给对象加入一个圆形检测层。加入圆形碰撞器后，在组件的外观可以看到一个圆形检测范围，在 Inspector 面板中可以调整此碰撞器的材质、中心坐标和半径。

　　（4）Edge Collider 2D（边缘碰撞器）：边缘碰撞器可以给对象加入一条碰撞检测线。加入碰撞检测线之后，可以在组件的外观看到一条绿色检测线，在 Inspector 面板中可以调整此碰撞器的形状。

　　（5）Polygon Collider 2D（多边形碰撞器）：多边形碰撞器可以给对象加入一个描绘对象外框所形成的碰撞层。与其他碰撞器相比，多边形碰撞器能够更精准地捕捉对象的物理检测范围。

每种类型的碰撞器，我们都可以根据需要修改它们的碰撞范围。

 知识点二：触发与触发器

触发（Trigger）和碰撞非常类似，触发指的是当两个对象发生碰撞时所引发的特殊事件，因此触发同样需要设置碰撞范围来进行检测，所以同样要为对象加入 Box Collider 2D、Circle Collider 2D 等碰撞器。除了 Rigidbody（刚体）碰撞器之外，其他碰撞器都有一个名为 Is Trigger 的属性复选框可以勾选，当此复选框被勾选后，碰撞器就会被认定是触发器，从这点更加体现出 Rigidbody（刚体）的独特性，也就是说 Rigidbody 是不可以被指定为触发器的。

Rigidbody 之所以不可以被指定为触发器，主要是因为被加入触发器的对象不会受到物理现象的影响（例如碰撞、重力），但 Rigidbody 是为了设置物理现象而诞生的碰撞器，在这样的定义下就会产生冲突。

 知识点三：碰撞器和触发器的区别

碰撞器和触发器的区别主要有以下几点。
（1）碰撞器不勾选 Is Trigger 属性复选框，对象会受到碰撞或重力影响。
（2）碰撞器勾选 Is Trigger 属性复选框时，就是触发器，对象不会受到碰撞或重力影响。
（3）若要对两个对象进行碰撞检测，则双方必须拥有碰撞器。
（4）若要对动态对象与静态对象进行碰撞检测，则动态对象必须拥有刚体碰撞器。
（5）碰撞或触发只能选择一种进行检测与执行，两者无法共存。
（6）触发器并非取消碰撞，而是取消了物理反应的碰撞器。

 知识点四：预制体

预制体就相当于一个模板，可用于批量的套用工作。在 Unity 的工程建设中，Prefabs（预制体）是非常常用的一种资源类型，是一种可被重复使用的游戏对象。

预制体具有以下特点。
（1）它可以被置入多个场景中，也可以在一个场景中多次置入。
（2）当在场景中增加一个 Prefabs，就实例化了一个 Prefabs。
（3）所有 Prefabs 实例都是 Prefabs 原型的克隆。
（4）只要 Prefabs 原型发生改变，所有 Prefabs 实例都会产生变化，但是克隆体的改变并不会对母版造成影响（位于 Project 面板中的 Prefabs 是原型，即母版；拖曳到 Hierarchy 面板中的 Prefabs 是实例）。

 知识点五：渲染顺序

Sorting Layer 用于对渲染层级顺序进行控制。在气球漫游动画中，利用 Sorting Layer 属性的设置，创建了名为 front 和 behind 的两个图层，是为了让地板 Floor 这个对象和其他对象（气球、钉子阵、橘子皮、爆炸）处于不同的层，按不同的顺序进行渲染，制作地板在其他游戏对象后面的效果。选择 Sorting Layer 属性，单击"+"添加按钮，就可以看到当前所有的 Sorting Layer，并且可以更改 Sorting Layer 的顺序，排位靠后的 Sorting Layer 会覆盖排位靠前的 Sorting Layer。在气球漫游这个实例中，地板 Floor 对象位于排位靠前的 behind 层，而其他对象处于排位靠后的 front。

需要注意不要混淆的是 GameObject 的 Layer 属性，Layer 主要是通过光线投射来选择性地忽略碰撞器，或者添加碰撞功能。

### 试一试

根据所给素材完成子弹的碰撞与触发。首先为子弹和墙壁添加碰撞器与触发器，运行后子弹碰撞到墙壁，会触发爆炸动画，并且子弹消失（资源文件路径：Unity 3D/2D 移动开发实战教程（全彩版）\第 4 章\试一试）。

# 第二部分　资　源　篇

　　利用 Unity 开发实用项目，离不开各种资源（如场景和模型）。本篇主要介绍相关资源的设计与制作方法，主要是利用 Unity 创建资源，包括创建光源、光源烘焙、创建地形、创建天空盒、创建粒子特效和创建三维几何模型。

# 第 5 章　在 Unity 中创建资源

Unity 是一个让玩家轻松创建诸如三维视频游戏、建筑可视化、实时三维动画等互动类型的多平台的综合型游戏开发工具。游戏的质量很大程度上依赖于游戏模型、光影效果、游戏场景等资源。本章将介绍如何在 Unity 中创建光源、场景、地形、粒子和模型等资源。

## 5.1　创建光源

### 任务要求

本任务主要学习如何创建 Unity 提供的四种光源，这四种光源包括 Directional Light、Point Light、Spot Light 和 Area Light。掌握如何创建光源后，就可以为游戏场景搭建合适的光源，使得游戏场景看起来更加真实。由于 Area Light 只有在 Pro 版中才能使用，在此不进行说明。Directional Light（平行光）、Point Light（点光源）和 Spot Light（聚光灯）三种光源效果如图 5-1、图 5-2 和图 5-3 所示。

图 5-1　平行光

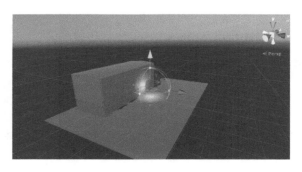

图 5-2　点光源

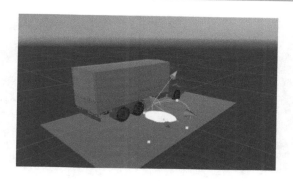

图 5-3 聚光灯

通过完成任务：

（1）认识 Unity 中的四种光源，了解不同光源的使用环境和特点。

（2）能够在 Unity 中为模型创建出三种光源效果。

（资源文件路径：Unity 3D/2D 移动开发实战教程（全彩版）\第 5 章\实例 1）

### 5.1.1 创建 Directional Light 平行光

Directional Light 平行光通常用来制作阳光效果，Unity 新建场景后会默认在场景中放置平行光来照亮整个场景。平行光的特点是不会衰减并且可以实时显示阴影。

新建一个 Unity 3D 项目，在 Unity 菜单栏中依次选择 GameObject→Light→Directional Light 命令，如图 5-4 所示。即可创建平行光，效果如图 5-5 所示。

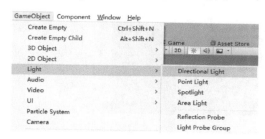

图 5-4 选择光源类型

图 5-5 平行光

### 5.1.2 创建 Point Light 点光源

Point Light 点光源可以模拟一个小灯泡向四周发出光线的效果，点光源在其照亮范围内随距离增加而亮度衰减。

在 Unity 菜单栏中依次选择 GameObject→Light→Point Light 命令，即可创建点光源，效果如图 5-6 所示。

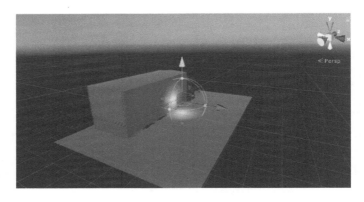

图 5-6 点光源

### 5.1.3 创建 Spot Light 聚光灯

Spot Light 聚光灯可以模拟一个点光源沿着一个圆锥体方向发出光线的效果。聚光灯在其照亮范围内随距离增加而亮度衰减，而且光线范围限制在圆锥体内。

在 Unity 菜单栏中依次选择 GameObject→Light→Spot Light 命令，即可创建聚光灯，效果如图 5-7 所示。

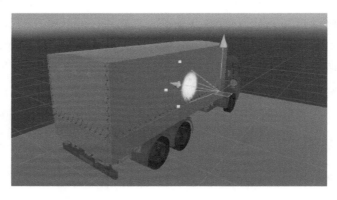

图 5-7 聚光灯

—————— 知识总结 ——————

知识点一：四种光源的区别

1. 平行光

Directional Light（平行光）就像是在场景中放置一个太阳，光线会从一个方向照亮整个场景，在 Forward Rendering 模式下，只有平行光可以显示实时的阴影。

### 2. 点光源

Point Light（点光源）像室内的灯泡或蜡烛，从一个点向周围发射光线，光线逐渐衰弱。

### 3. 聚光灯

Spot Light（聚光灯）就像是舞台上的聚光灯或者手电筒，光线按某个方向照射，并有一定的范围限制。

### 4. 面积光

Area Light（面积光）可以模拟一个较大的发光表面对周围环境的照明效果，通常面积光的灯光亮度衰减很快，阴影非常柔和。面积光只在烘焙光照贴图时有效。

**知识点二：设置光源参数**

不同的光源主要区别在于照明的范围不同。Directional Light（平行光）、Point Light（点光源）、Spot Light（聚光灯）和 Area Light（面积光），这几种光源的参数都可以在 Inspector 面板进行设置，如图 5-8 所示。

图 5-8　设置光源参数

Light 各种属性说明如下。

- Type：用来选择灯光类型。
- Color：决定光的颜色。
- Mode：选择灯光照明模式，每种模式对应 Lighting 面板中一组设定。
- Intensity：决定光的强度。
- Indirect Multiplier：在计算该灯光所产生的间接光照时的强度倍乘。
- Shadow Type：决定是否使用阴影。
- Cookie：相当于在灯光上贴黑白图，用来模拟一些阴影效果，比如贴上网格图模拟窗户栅格效果。
- Cookie Size：用来设置 Cookie 贴图大小。

- Draw Halo：用来设置灯光是否显示辉光，不显示辉光的灯本身是看不见的。
- Flare：可以使用一张黑白贴图来模拟灯光在镜头中的"星状辉光"效果。
- Render Mode：用于选择渲染模式。
- Culling Mask：可以控制光线只影响场景中的部分模型。

### 🔷 试一试

根据本任务所学内容，为图 5-9 所示的 3D 模型分别创建 Directional Light（平行光）、Point Light（点光源）和 Spot Light（聚光灯）三种光源光照，练习各种光源参数的设置方法，查看参数改变后光影的变化（资源文件路径：Unity 3D/2D 移动开发实战教程（全彩版）\第 5 章\实例 1）。

图 5-9　素材模型

## 5.2　光源烘焙

任务要求

本任务首先为汽车模型添加 Spot Light 聚光灯，之后对光源效果进行烘焙，烘焙后为场景模型添加雾效。对光源进行烘焙以及开启雾效功能的效果如图 5-10 所示。

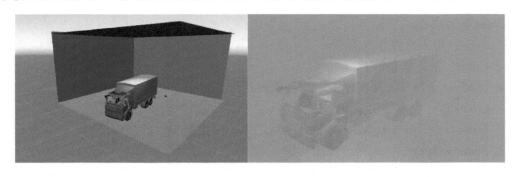

图 5-10　最终效果

通过完成任务：

● 熟练掌握为场景创建光源的操作。

● 掌握将光源效果渲染贴图再进行烘焙的方法。

● 学会为场景添加雾的效果。

（资源文件路径：Unity 3D/2D 移动开发实战教程（全彩版）\第 5 章\实例 2）

## 5.2.1　搭建场景

**步骤 1**　搭建预设场景

（1）新建一个 Unity 3D 项目，创建一个场景，从素材文件夹中导入 3D 卡车模型，将其添加到 Hierarchy 面板中。

（2）从菜单栏中依次选择 GameObject→3D Object→Plane 命令，创建 4 个 Plane 对象。通过移动位置、调整大小、旋转等操作搭建图 5-11 所示的预设场景。

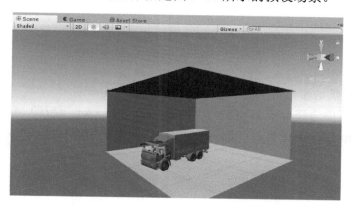

图 5-11　预设场景

**步骤 2**　将模型设置为静态

选择场景中所有的模型，在 Inspector 面板右上方勾选 Static 复选框，这表示该模型是一个静态多边形模型（在游戏中不会运动的模型）。只有勾选该复选框的模型才能参与 Lightmapping 光照贴图计算，如图 5-12 所示。

图 5-12　设为静态模型

**步骤 3**　创建 Spot Light 聚光灯

（1）创建一个 Spot Light 置于场景上方，向下照射并使用阴影，并且将其设置为静态模型，与**步骤 2**类似。这里可以将场景中默认的 Direction Light 隐藏，能够更明显地查看烘焙效果。

（2）选中新建的聚光灯对象，在 Inspector 面板的 Light 选项区域中将 Mode 选项设置为 Baked，如图 5-13 所示。

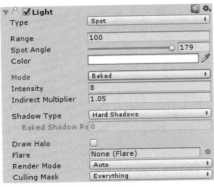

图 5-13 设置光源

### 5.2.2 烘焙

**步骤 1** 设置烘焙参数

在 Assets 面板中选择卡车 3D 模型文件，在右侧 Inspector 面板的 Model 属性栏下勾选 Generate Lightmap UVs 复选框，如图 5-14 所示。如果不勾选此复选框，烘焙出的阴影会有明显的噪波。

图 5-14 勾选 Generate Lightmap UVs 复选框

**步骤 2** 设置烘焙出的阴影效果

（1）在菜单栏上依次选择 Window→Lighting→Setting 命令，将弹出 Lighting 面板。

（2）在 Lighting 面板中，将 Lighting Mode 设置为 Shadowmask，如图 5-15 所示。此模式烘焙后的阴影质量较好。

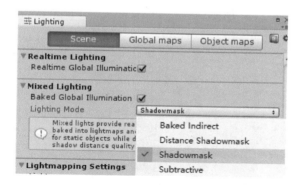

图 5-15 设置 Lighting Mode 模式

步骤 3 开始烘焙计算

（1）在 Lighting 面板的最下面，单击 Generate Lighting 按钮开始烘焙计算，下方菜单栏中 Unity 图标上绿色的面积则表示烘焙的进度，如图 5-16 所示。

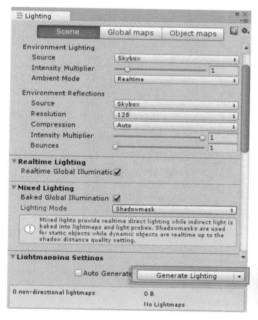

图 5-16 烘焙

（2）烘焙完成后，如果将创建的 Spotlight 关闭，依然可以看到光照效果。

## 5.2.3 添加雾效功能

步骤 1 开启雾效

（1）在菜单栏上依次选择 Window→Lighting→Setting 命令，将弹出 Lighting 面板。

（2）打开 Lighting 面板后，在 Scene 选项下的 Other Setting 选项区域中勾选 Fog 复选框，开启雾效功能，如图 5-17 所示。

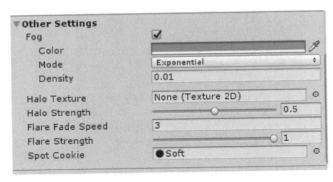

图 5-17　开启雾效

**步骤 2** 设置雾效

通过设置 Fog Color 选择的值改变雾的颜色，设置 Fog Density 选项的值改变雾的强度，效果如图 5-18 所示。

图 5-18　设置雾效

知识点一：烘焙

环境光是 Unity 提供的一种特殊光源，它没有范围和方向的概念，会整体改变场景亮度。当游戏中包含很多对象时，实时的光源和阴影对游戏性能上会造成很大的影响，这时更适合使用 Lightmapping 光照贴图技术。该技术是一种增强静态场景光照效果的技术，其优点是可以通过较少的性能消耗使静态场景看上去更加真实、丰富，更加具有立体感；缺点是不能用来实时地处理动态光照。使用这种方式不用担心光源数量和阴影对性能带来的开销，即使使用低版本的 Unity，也可以通过该方式获得高质量的光影效果。

 知识点二：中断烘焙

在烘焙过程中，编辑器右下角会出现一个烘焙计算进度条，如果想中途放弃，按 Esc 键即可。所有光影贴图都会自动存放在当前场景的存放路径中，在 Lighting 面板中选择 Clear 命令，即可清除贴图。

 知识点三：烘焙技术只适用于静态对象

烘焙技术可以让处于静态的对象获得无与伦比的光影效果，但它无法影响场景中的一些动态模型或者会让动态对象显得非常不真实，与场景中的光影无法融合在一起。

🔶 试一试

根据本任务所学内容为图 5-19 所示模型素材搭建场景，然后设置适合的光照并进行烘焙，最后为场景模型添加雾效。

图 5-19　素材模型

## 5.3　创建地形

任务要求

本任务是利用 Unity 中提供的一个地形系统 Terrain，来表现庞大的室外地形，该系统特别适合表现自然环境。在本任务中，首先需要导入 Terrain，之后在 Terrain 上进行贴图绘制，最后添加树模型以及一些细节模型（如草模型、石头模型）。完成后地形的最终效果如图 5-20 所示。

图 5-20　最终效果

通过完成任务：

● 了解地形系统 Terrain 在 Unity 中的作用。

● 能够使用 Raise 工具绘制出需要的 Terrain 地形。

● 学会为绘制好的 Terrain 地形进行贴图以及添加模型。

（资源文件路径：Unity 3D/2D 移动开发实战教程（全彩版）\第 5 章\实例 3）

### 5.3.1　创建 Terrain

**步骤 1**　导入 Terrain 资源

（1）新建一个 Unity 3D 项目，在 Project 面板中单击鼠标右键，选择 Import Package 中的 Environment 命令，准备导入 Terrain 资源，也可以从素材文件夹中导入资源。

（2）选择所有的 Terrain 模型、贴图素材并导入，接下来我们将使用 Unity 提供的这些素材完成一个地形效果。

**步骤 2**　创建一个 Terrain

（1）从菜单栏中依次选择 GameObject→3D Object→terrain 命令，创建一个基本的 Terrain。

（2）在 Inspector 面板中，单击 Terrain 选项区域中的设置按钮，如图 5-21 所示。

图 5-21　单击设置按钮

（3）默认的 Terrain 非常大，这里将 Terrain Width 和 Terrain Length 的值设为 500，缩小 Terrain 尺寸，将 Heightmap Resolution 的值设为 257，降低其精度，如图 5-22 所示。

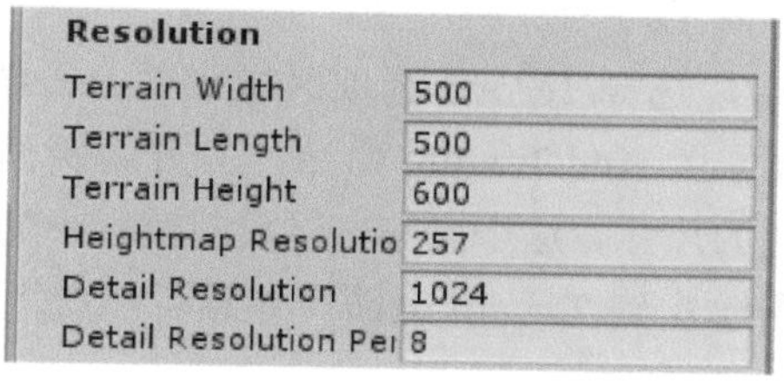

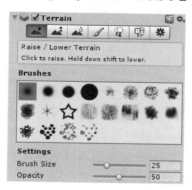

图 5-22　设置 Terrain 参数

## 5.3.2　绘制 Terrain

步骤 1　利用 Raise 绘制 Terrain 表面

（1）在 Inspector 面板中，选择 Terrain 选项区域中的 Raise 工具。通过设置 Brush Size 的值，来改变笔刷大小；通过设置 Opacity 的值，来改变笔刷力度，如图 5-23 所示。

图 5-23　设置 Raise 工具属性

（2）然后在 Terrain 上绘制拉起表面，若同时按住 Shift 键则会将表面压下，如图 5-24 所示。

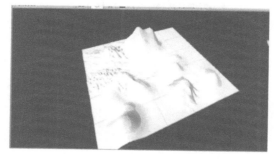

图 5-24　绘制地形

（3）使用 Paint Height 工具可以直接绘制指定高度，使用 Smooth Height 工具可以光滑 Terrain 表面，这些工具都直接可以观察到效果。

**步骤 2** 为 Terrain 添加贴图

（1）在 Inspector 面板中，选择 Terrain 选项区域中的 Paint Texture 工具。

（2）选择 Edit Textures 中的 Add Texture 命令，打开编辑面板，为 Terrain 添加贴图，注意通过 Tile Size 设置贴图的尺寸。这个操作可以反复执行添加多张贴图，最后在 Textures 中选择需要的贴图，将贴图绘制到 Terrain 上面。并且可以在不同的区域绘制不同的贴图，如图 5-25 所示。

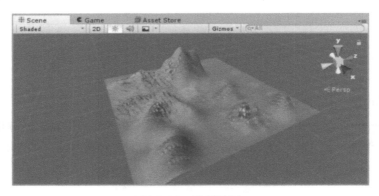

图 5-25　绘制贴图

### 5.3.3　添加树、草模型

**步骤 1** 为 Terrain 表面添加树模型

（1）在 Inspector 面板中，选择 Terrain 选项区域中的 Place Trees 工具。

（2）选择 Edit Trees 中的 Add Tree 命令，添加树模型，这个操作可以执行多次，加入多个模型。然后选择需要的模型，将其绘制到 Terrain 上面，如图 5-26 所示。

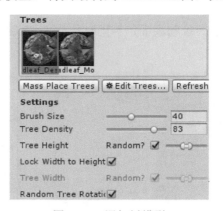

图 5-26　添加树模型

（3）最终绘制的树效果如图 5-27 所示。绘制的树越多越耗资源，请适当绘制。

图 5-27　绘制树的效果图

步骤 2　为 Terrain 表面添加草模型

（1）在 Inspector 面板中，选择 Terrain 选项区域中的 Paint Details 工具。

（2）然后选择 Edit Details 下的 Add Grass Texture 命令，添加草贴图（贴图一定要有 Alpha）。再选择 Add Detail Mesh 命令，添加细节模型（如石头等），这个操作可以反复执行多次，最后在 Detail 中选择需要的草贴图或细节模型，将其绘制到 Terrain 上面，如图 5-28 所示。

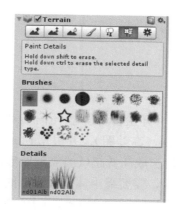

图 5-28　绘制草

（3）最终绘制的草效果如图 5-29 所示。需要离近后才能看到草，注意不要绘制太多草，会占用资源。

图 5-29　绘制草的效果图

**步骤 3** 添加光源

（1）Terrain 同普通模型一样，可以添加光源来模拟光影效果，为场景添加 Directional Light。

（2）将 Directional Light 的 Shadow Type 设置为 Hard Shadows 类型，这样地形会看上去更加生动，最终效果图如图 5-30 所示。

图 5-30　添加光源

**知 识 总 结**

知识点一：地形 Terrain

Unity 中的地形 Terrain 是在一开始自动创建一个 Mesh plane 多边形平面之后，指定一张 16bit 的灰阶图作为 height map（高差图），并根据 Mesh 各个顶点所对应的灰度数值沿着 Y 轴改变该顶点的高度，最后形成高低起伏的复杂地形。

创建的 Terrain 默认会非常大，需要缩小其尺寸，降低其精度。绘制地形时选择 Raise 工具，可以改变笔刷大小和笔刷力度，然后在 Terrain 上绘制拉起表面。使用 Smooth Height 工具光滑 Terrain 地形的表面。

知识点二：Terrain 中参数设置

在 Terrain 地形参数设置面板中，一些比较常见的参数介绍如下。

- Base Terrain：基本地形设置。
- Draw：用于设置是否显示该地形。
- Pixel Error：用于设置贴图和地形之间的准确度，值越高越不准，但系统负担越小。
- Pixel Map Dist.：用于设置在多少距离以外地形贴图将自动转为较低分辨率，以提高效率。
- Cast Shadow：用于设置是否投射阴影。
- Material：用于设置地形使用的材质类型。
- Tree & Detail Objects：用于设置树和细节物体。

- Grass Tint：用于对草物体统一添加一个颜色，通常会设置为与地面颜色接近的颜色。
- Resolution：用于设置地形分辨率。
- Terrain Width：用于设置地形最大宽度。
- Terrain Length：用于设置地形最大长度。
- Terrain Height：用于设置地形最大高度，这个值决定了我们能够刷出的最高的地形高度。

 试一试

　　根据本任务所学内容，利用笔刷绘制出山地的地形，之后对地形进行贴图以及一些细节上的修饰，创建一个雪山地形。

# 5.4　创建天空盒

### 任务要求

　　Skybox 是 Unity 中用来表现天空效果的。本任务将创建一个材质球，类型设置为 Skybox，并为 Skybox 选择六张对应的贴图，为 5.3 节中创建的地形添加天空，使得地形看起来更加逼真。为地形添加天空后的最终效果如图 5-31 所示。

图 5-31　最终效果

通过完成任务：
- 了解 Unity 中 Skybox 天空盒的应用。
- 能够为 Terrain 地形添加天空效果。

（资源文件路径：Unity 3D/2D 移动开发实战教程（全彩版）\第 5 章\实例 4）

## 5.4.1　创建 Skybox

步骤 1　导入素材

继续上一节中 Terrain 的项目，在项目的电脑本地 Assets 文件夹中添加 sunny2 的素材文件夹，添加后 Skybox 素材将会自动导入 Unity 的 Project 面板。

**步骤 2** 创建 Skybox

（1）在 Project 面板中单击鼠标右键，依次选择 Create→Material 命令，创建一个材质球。

（2）在 Inspector 面板中选择 Shader→Skybox→6 Sided 类型，如图 5-32 所示。

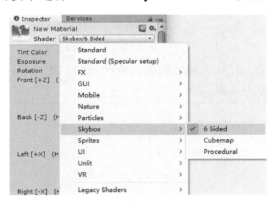

图 5-32　创建 Skybox

### 5.4.2　为 Skybox 添加贴图

**步骤 1** 指定贴图

从 Unity 提供的 Skybox 素材中选择 6 张 Skybox 贴图，分别指定到 Skybox 材质的 Front（前）、Back（后）、Left（左）、Right（右）、Up（上）和 Down（下），如图 5-33 所示。

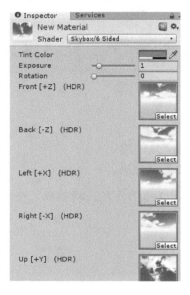

图 5-33　指定贴图

**步骤 2** 应用创建好的 Skybox

（1）在场景中选择 Main Camera 摄像机，在菜单栏中执行 Component→Rendering→Skybox 命令，为其添加 Skybox 组件。

（2）选中 Main Camera，在 Inspector 面板中将 Clear Flags 设为 Skybox。

（3）将前面制作的 Skybox 材质球从 Project 面板中拖曳到 Custom Skybox 栏中，为 Custom Skybox 赋值，如图 5-34 所示。

图 5-34　指定 Skybox 材质

**步骤 3** 调整视角

在 Game 面板中预览效果，调整相应视角，就能看到制作的天空效果，如图 5-35 所示。

图 5-35　天空效果

知 识 总 结

天空盒是一个全景视图，分为六个纹理，表示沿主轴（上、下、左、右、前、后）可见的六个方向的视图。如果天空盒被正确地生成，纹理图像会在边缘无缝地拼接在一起，可以在内部的任何方向看到周围连续的图像。全景图片会被渲染在场景中的所有其他物体后面，并旋转以匹配相机的当前方向（它不会随着相机的位置而变化，而照相机的位置总是位于全景图的中心）。因此，天空盒子是在图形硬件上以最小负载向场景添加现实性的简单方式。

### 🔷 试一试

根据本节所学内容，为 5.3 节任务中的地形添加天空效果，天空盒素材使用与本任务中相同的即可。

## 5.5　创建粒子特效

### 任务要求

本任务将使用粒子特效完成一个气泡效果。通过设置粒子发射器的粒子存活时间、粒子运动速度、粒子材质等参数完成一个逼真的气泡效果，最后气泡会慢慢升起，逐渐消失。气泡的最终效果如图 5-36 所示。

图 5-36　最终效果

通过完成任务：

- 了解粒子发射器中常用的功能模块，例如粒子存活时间、粒子运动速度、粒子大小等。
- 学会在 Unity 中选择与模型效果相对应的材质球。

（资源文件路径：Unity 3D/2D 移动开发实战教程（全彩版）\第 5 章\实例 5）

### 5.5.1　创建粒子发射器

**步骤 1** 导入粒子素材

新建一个 Unity 3D 项目，在 Project 面板的 Assets 文件中，添加 Standard Assets 素材文件夹。

**步骤 2**　查看粒子发射器中被激活的功能模块

（1）在菜单栏依次选择 GameObject→Particles System 命令，创建粒子发射器，如图 5-37 所示。

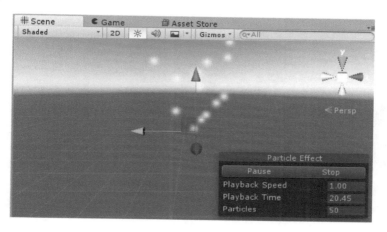

图 5-37　创建粒子发射器

（2）在 Inspector 面板中可以看到一个粒子发射器包括很多模块，不同的模块具有不同的功能，默认只有少量的模块是被激活的，如图 5-38 所示。

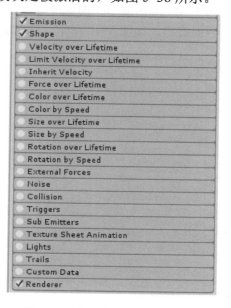

图 5-38　粒子发射器的各个模块

**步骤 3**　对粒子发射参数进行设置

在 Particle System 选项区域中设置 Start Lifetime 为 30，以增加粒子存活时间；设置

Start Speed 为 3，降低粒子运动速度；设置 Start Size 为 6，增加粒子的大小；设置 Max Particles 为 100，减少粒子的最大数量，效果如图 5-39 所示。

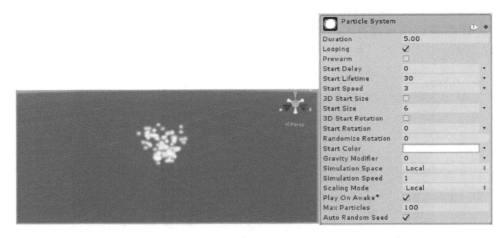

图 5-39　设置粒子初始值

### 5.5.2　选择材质球

步骤 1　打开 Render 模块

在 Project 面板选中粒子发射器，在 Inspector 面板中可以看到 Renderer 模块的 Material 属性，单击该属性右侧的小圆圈按钮，如图 5-40 所示。这时会打开 Select Material 窗口。

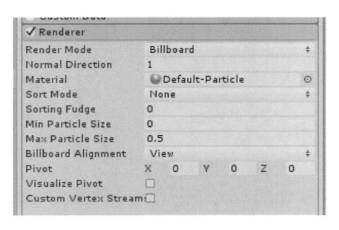

图 5-40　Render 模块

步骤 2　设置材质

在 Select Material 窗口中选择 Soap Bubble 材质并双击，可以为粒子发射器添加材质，如图 5-41 所示。

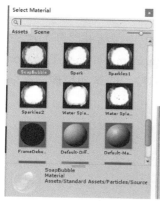
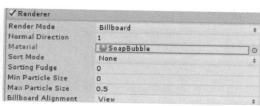

图 5-41　设置材质

### 5.5.3　设置粒子运动效果

**步骤 1**　设置粒子发射频率和发射数量

在 Project 面板中选中粒子发射器，在 Inspector 面板中展开 Emission 模块。将 Rate over Time 设为 1，降低发射频率，如图 5-42 所示。Rate Over Time 是随单位时间生成粒子的数量；Rate over Distance 是随着移动距离产生的粒子数量，只有当粒子系统移动时才发射粒子。

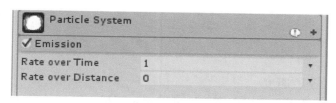

图 5-42　降低发射频率

**步骤 2**　改变粒子发射器形状

在 Project 面板中选中粒子发射器，在 Inspector 面板中激活并展开 Shape 模块。将 Shape 设为 Box，改变粒子发射器形状，如图 5-43 所示。

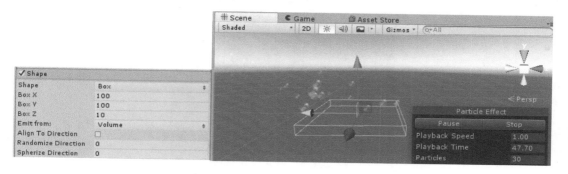

图 5-43　改变粒子发射器形状

**步骤 3** 设置粒子随机加速

在 Project 面板中选中粒子发射器，在 Inspector 面板中激活并展开 Force over Lifetime 模块。选择右边的下三角按钮，在弹出的列表中选择 Random Between Two Constants 选项，然后将 Y 设为 0.5 和 1，并勾选 Randomize 复选框，使粒子的运动呈现一个随机的加速过程，如图 5-44 所示。

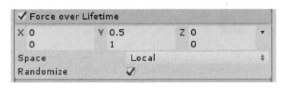

图 5-44　设置粒子随机加速

**步骤 4** 设置粒子大小变化

在 Project 面板中选中粒子发射器，在 Inspector 面板中激活并展开 Size by Speed 模块。单击 Size 右边的下三角按钮，在弹出的列表中选择 Random Between Two Constants 选项，然后将 Size 设为 0.3 和 2，现在粒子的大小将随着运动速度的变化而变化，如图 5-45 所示。

图 5-45　设置粒子大小随机变化

**步骤 5** 设置粒子透明度

在 Project 面板中选中粒子发射器，在 Inspector 面板中激活并展开 Color Over Lifetime 模块。双击色板打开 Gradient Editor 窗口，在这个窗口中有一个色板，色板从左至右表示粒子的生命历程。色板上面的方块用于控制粒子透明度变化，下面的方块用于控制颜色变化。将色板上面两边的两个方块的 Alpha 设为 0，然后在中间单击再加两个方块，将 Alpha 设为 255，如图 5-46 所示。现在粒子会半透明状态慢慢出现，最后逐渐消失。

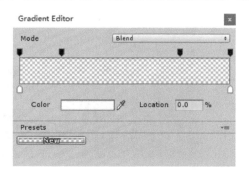

图 5-46　设置粒子透明度变化

✦────•── 知 识 总 结 ──•────✦

一个粒子发射器包括很多模块，不同的模块具有不同的功能，默认只有少量的模块是被激活的。下面将介绍 Particle System 主面板中一些常用模块及其功能。

- Duration：用于设置粒子的发射周期，如果没有勾选 Looping 复选框的话，发射周期结束后粒子会停止发射。
- Looping：用于设置粒子按照周期循环发射。
- Prewarm：预热系统，如果想在最开始的时候让粒子充满空间，就应该勾选 Prewarm 复选框。
- StartDelay：用于设置粒子延时发射，勾选后，延长一段时间才开始发射。
- StartLifeTime：用于设置粒子从发射到消失的时间长短。
- StartSpeed：用于设置粒子初始发射时候的速度。
- 3DStartSize：粒子在某一个方向上扩大的时候使用。
- StartSize：用于设置粒子初始的大小。
- 3DStartRotation：需要在一个方向旋转的时候可以使用。
- StartRotation：用于设置粒子初始旋转。
- RandomizeRotation：用于设置随机旋转粒子方向。
- StartColor：用于设置粒子初始颜色，可以调整加上渐变色。
- GravityModifier：重力修正。
- SimulationSpace：选择 Local 时，粒子会跟随父级物体移动；选择 World 时，粒子不会跟随父级移动；选择 Custom 时，粒子会跟着指定的物体移动。
- SimulationSpeed：根据 Update 模拟的速度。
- MaxParticles：用于设置粒子系统可以同时存在的最大粒子数量。如果粒子数量超过最大值，粒子系统会销毁一部分粒子。
- AutonRandomSeed：随机种子，如果勾选该复选框，会生成完全不重复的粒子效果。

❖ 试一试

- - - - - - - - - - - - - - - - - - - - - - - - - - - - - - - - - - - - - - - - - - - - - - - - - -

Unity 中粒子功能非常强大，可以用来表现游戏中的魔法、云、烟火或者其他的特殊效果。根据本任务中所学内容，对粒子发射器功能模块的参数进行设置，选择相应的材质后创建出烟花效果。

- - - - - - - - - - - - - - - - - - - - - - - - - - - - - - - - - - - - - - - - - - - - - - - - - -

## 5.6 创建三维几何模型

在利用 Unity 进行项目实际开发时，使用的模型常常是从外部导入的，为了方便开发者创建简单的模型，Unity 提供了创建六面体、圆柱体、球体和椭球体等简单三维几何模型的功能。从菜单栏依次选择 GameObject→3D Object→Cube 命令，可以创建六面体，效果如图 5-47 所示。圆柱体、球体、椭球体的创建方法类似，效果分别如图 5-48、图 5-49、图 5-50 所示。

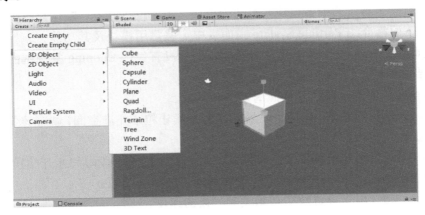

图 5-47　创建六面体模型

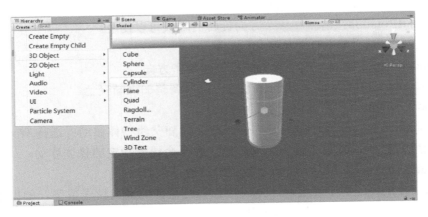

图 5-48　创建圆柱体模型

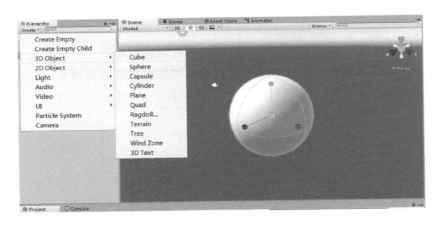

图 5-49　创建球体模型

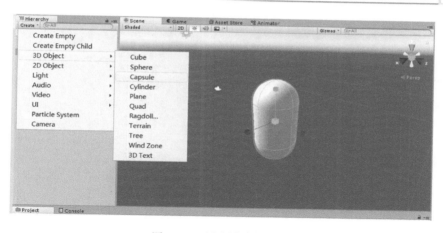

图 5-50　创建椭球体模型

在利用 Unity 创建简单的几何模型时，都可以在 Inspector 面板中对其进行设置，如修改参数或加减组件等，如图 5-51 所示。

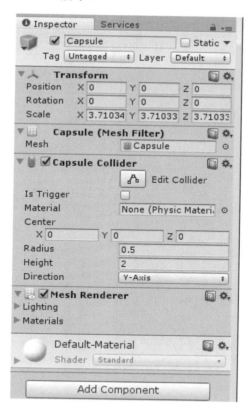

图 5-51　Capsule 模型的 Inspector 面板

# 第三部分　3D 软件开发综合实例篇

本部分通过一个综合性的 3D 软件，将前期介绍的一些 Unity 知识进行实践和应用。在 3D 软件开发过程中涵盖和扩展了各种技术点。

- 起始背景：通过制作菜单界面初步了解 UGUI 的基础知识。
- 关于窗口：通过完成关于窗口，进一步学习 UGUI 的界面元素布局方式。
- 设置窗口：设置窗口可以调整音量，通过完成设置窗口，学习 UGUI 中 Slider 的创建方法，掌握数据本地化的实现方法。
- 动态鱼：通过同时显示 UI 界面和 3D 模型，掌握摄像机的渲染模式。
- 加载界面：通过完成加载界面，掌握 Slider 动态变化的方法。
- 创建场景：通过创建场景，了解 Unity Standard Assets 的用法。
- 进入展厅：通过完成进入展厅任务，深入理解触发器的作用，熟悉 UI 界面的制作与显示，进一步熟悉音频的操作与控制。
- 摄像机跟随：通过完成摄像机跟随，了解 Unity 脚本生命周期中不同函数的区别，掌握摄像机跟随的实现方法。
- NPC 寻路：通过完成该任务，掌握创建路点的方法，掌握自动寻路的方法。
- 人物和 NPC 的交互：通过完成任务，学会 NPC 的事件触发，深入理解协程的概念。

# 第6章　3D 神秘海洋软件

## 6.1　软件介绍

3D 神秘海洋软件是基于 3D 虚拟展馆，对海洋生物进行展示和介绍。用户可以在展馆内自由漫游，类似于在现实生活中参观展览馆一样，可以到达展馆的任何地方。为了增加软件的趣味性，软件增加了 NPC（非玩家角色）功能，可以和用户进行互动交互。该软件共三个场景：场景一是起始界面，场景二是加载界面，场景三是展馆漫游。

### 6.1.1　起始界面

在起始界面中创建了一个和海洋主题相关的背景，通过起始界面的按钮可以对软件进行进一步了解和操作。起始界面的左上角是"设置"按钮和"关于"按钮，通过单击"关于"按钮可以了解软件的基本信息，单击"设置"按钮可以对音量进行调节。单击屏幕正中央的"开始"按钮可以进入加载界面。除了按钮，起始界面上还显示了一条动态鱼，单击动态鱼可以播放动画。起始界面效果如图 6-1 所示。

图 6-1　起始界面

起始界面的 UI 框架结构如图 6-2 所示，共包含以下 3 个 GameObject 对象。

BG 是起始背景，包含 3 个 Button 控件：AboutButton、SetButton、StartButton 和一个 Image 动画对象 TitleImage，有关起始背景的创建将在 6.2 节中介绍。

AboutPanel 是关于窗口，包含了一个 AboutPanelMask 和一个 BG，这两个都是 Image，在 BG 中还包含了一个 Image 和一个 Text，关于窗口的制作将在 6.3 节中介绍。

SettingPanel 是设置窗口，设置窗口比关于窗口多了一个 Slider，它是进行音量调节的，设置窗口的制作将在 6.4 节中介绍。

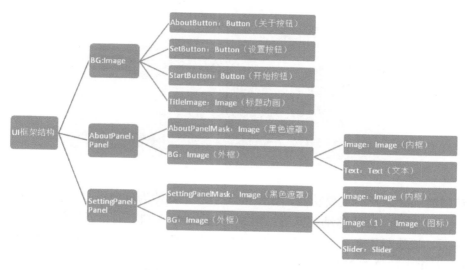

图 6-2　起始界面的 UI 框架结构

### 6.1.2　加载界面

加载界面是加载新页面前的等待画面，这里通过滑动条动态显示加载进度，这也是一种常见的特效，加载界面效果如图 6-3 所示。

图 6-3　加载界面效果

### 6.1.3　展馆漫游

展馆漫游模块共有两个展厅，在展馆中有各种海洋生物模型。人物从过道开始，打开门后进入第一个展厅，在第一个展厅内进行漫游。进入第一个展厅可以参观海洋生物。展馆内有一个可以自动寻路的 NPC，当 NPC 碰到人物角色的时候会面向角色打招呼，效果如图 6-4 所示。

图 6-4　展馆漫游

展馆漫游部分涉及的主要功能，如图 6-5 所示。具体为创建场景、创建 Me（即游戏主角），并且能控制 Me 的移动跳跃等；当 Me 走到展厅入口处时，展厅门会自动打开，弹出欢迎界面，播放背景音乐；当 Me 在展馆漫游的时候摄像机需要跟随 Me 移动，并时刻注视 Me；展馆中放置的 NPC 能够自动寻路，并且可以和 Me 进行交互。

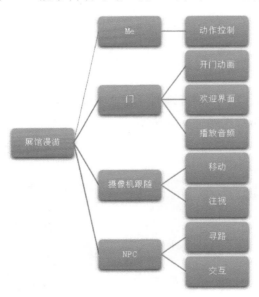

图 6-5　展馆漫游主要功能

## 6.2　起始背景

任务要求

起始界面可以让用户选择进入不同的操作，这些操作包括开始游戏、设置音量以及打开关于窗口等。在该任务中我们主要制作菜单界面，该菜单界面由三个按钮和一个标题组成，其中标题以动画的形式进入场景，效果如图 6-6 所示。

图 6-6　最终效果

通过完成任务：

- 可以初步了解 UGUI 的基础知识。
- 掌握图片 Button 的制作方法。
- 掌握 Image 的创建方法。
- 掌握神秘海洋标题动画制作方法。

（资源文件路径：Unity 3D/2D 移动开发实战教程（全彩版）\第 6 章\实例 1）

### 6.2.1　创建 BG 起始背景

**步骤 1**　新建 BG 对象

（1）新建一个 Unity 项目，在新建项目的时候选择 3D 类型。

（2）在 Windows 的资源管理器中，将本节需要的素材文件夹直接拷贝到项目的 Assets 文件夹中，即可导入所需资源。

（3）在 Hierarchy 面板中单击鼠标右键，选择 UI→Canvas 命令，创建一个新的 Canvas。执行该操作的时候除了生成一个 Canvas 外，同时自动添加了一个 EventSystem 对象。

（4）在新建的 Canvas 上单击鼠标右键，选择 UI→Image 命令，创建一个 Image 对象，并将其重命名为 BG，效果如图 6-7 所示。

图 6-7　创建起始背景

**步骤 2**　设置背景图片

（1）选择上一步中创建的 BG 对象，在 Project 面板的 Assets 中找到 StartBG 图片，将其拖曳到 Inspector 面板中 Image 组件下的 Source Image 中，如图 6-8 所示。

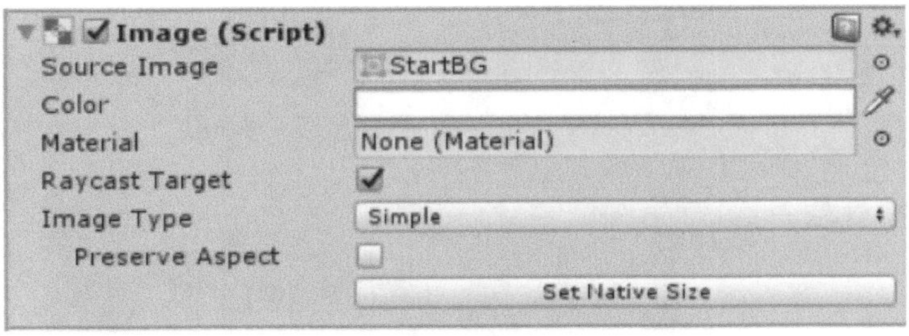

图 6-8　设置背景图片

或者选中 BG 对象，在 Inspector 面板中单击 Image 组件下 Source Image 后的 ⊙ 图标，在弹出的 Select Sprite 中选择 StartBG 图片。

> **注意**：如果图片无法拖曳到 Source Image 栏中，需要将图片转换成 Sprite(2D and UI) 类型。另外注意背景图的正面和背面，可以在 Game 面板查看效果。

（2）选择创建的 BG 对象，在 Inspector 面板中单击 Rect Transform 组件右上角的小齿轮图标，单击 Reset 将图片位置设置为（0，0，0）。然后在该对象的 Image 组件中单击 Set Native Size 按钮，将图片设置成原始大小。

（3）运行软件预览效果，发现图片比较大，显示不完整。这时可以在 Game 面板中单击 Free Aspect 下拉按钮，在列表中设置为 1920×1080 的显示效果，如图 6-9 所示。这样就可以将背景图片完整显示了。

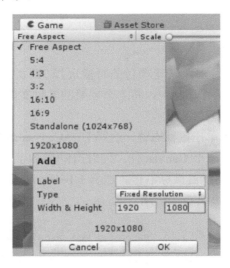

图 6-9　设置显示效果

## 6.2.2　创建 AboutButton 按钮

**步骤 1** 新建 AboutButton

在 Hierarchy 面板中的 BG 上单击鼠标右键，选择 UI→Button 命令，创建 Button 对象，并将其重命名为 AboutButton，将其下 Text 子对象删除，效果如图 6-10 所示。

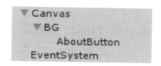

图 6-10 新建 AboutButton

**步骤 2** 设置 AboutButton

（1）选中创建的 AboutButton 对象，在 Project 面板的 Assets 中找到 tanhao 图片，将其拖曳到 Inspector 面板中 Image 组件下的 Source Image 中。

（2）调整图片大小，将 Width 和 Height 的值都改为 100，如图 6-11 所示。

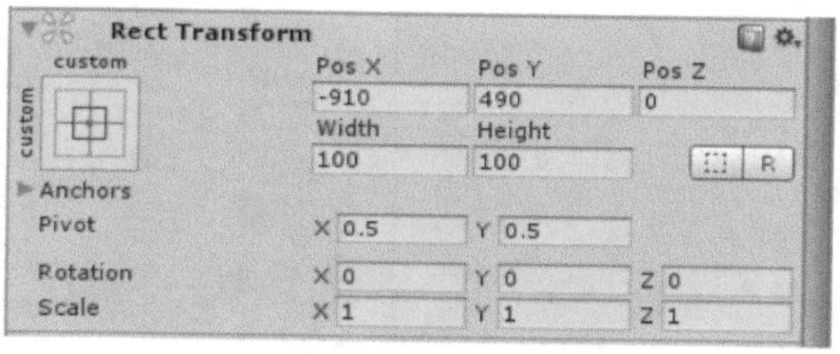

图 6-11 设置 AboutButton 按钮

**注意**：该按钮和父对象的关系，（Pos X，Pos Y，Pos Z）表示基于锚点相对于父物体的位置；（Width，Height）表示按钮的大小；Anchors 表示锚点；Pivot 表示轴心位置。

（3）设置好图片大小后，在 Scene 面板中直接将该图片拖曳到背景图片的左上角，效果如图 6-12 所示。

图 6-12 调整 AboutButton 按钮的位置

## 6.2.3 创建 SetButton 按钮

**步骤 1** 新建 SetButton

在 Hierarchy 面板中的 BG 上单击鼠标右键，选择 UI→Button 命令，创建 Button 对象，并将其重命名为 SetButton，将其下 Text 子对象删除。

**步骤 2** 设置 SetButton

（1）选中创建的 SetButton 对象，在 Project 面板的 Assets 中找到 shezhitubiao 图片，将其拖曳到 Source Image 中。

（2）调整 SetButton 对象大小，将 Width 和 Height 的值都改为 100。

（3）设置好大小后，在 Scene 面板中直接将该图片拖曳到背景图片的左上角，效果如图 6-13 所示。

图 6-13　调整 SetButton 按钮的位置

### 6.2.4　创建 StartButton 按钮

**步骤 1** 新建 StartButton

在 Hierarchy 面板中的 BG 上单击鼠标右键，选择 UI→Button 命令，创建 Button 对象，并将其重命名为 StartButton。

**步骤 2** 设置 StartButton

（1）选中创建的 StartButton 对象，在 Project 面板的 Assets 中找到 tongyonganniuxiao-huang 图片，将其拖曳到 Source Image 中。

（2）选中 StartButton 对象，单击工具栏的 [回] 按钮，可以直接调整 StartButton 对象的大小和位置。注意要将 Image Type 改为 Sliced，再调整大小，如图 6-14 所示。

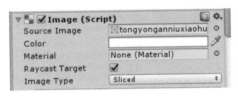

图 6-14　设置 StartButton 属性

注意：在对图片设置大小的时候，为了保证图片的四角不会发生变形，可以在 Project 面板中选择 tongyonganniuxiaohuang，在 Inspector 面板中单击 Sprite Editor 按钮，如图 6-15 所示。

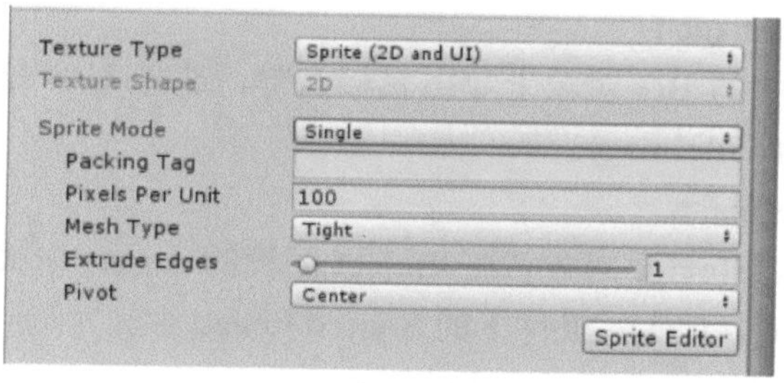

图 6-15　对图片进行编辑

打开 Sprite Editor 窗口后，发现图片的四周有绿色的边框，如图 6-16 所示。可以拖动这些绿色的边线，调整九宫格的位置，确保在拉伸图片时四个角不会发生变形，如图 6-17 所示。设置好后选择窗口上方的 Apply 命令进行保存。

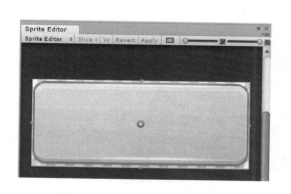

图 6-16　Sprite Editor 的原始效果

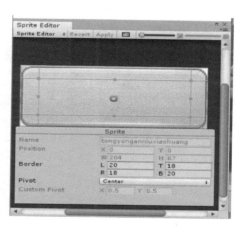

图 6-17　Sprite Editor 调整后效果

（3）在 Hierarchy 面板中，选中 Start Button 下方的 Text 对象，在 Inspector 面板中将 Text 文本改为"开 始"，并在 Font Size 数值框中调整字体的大小，如图 6-18 所示。

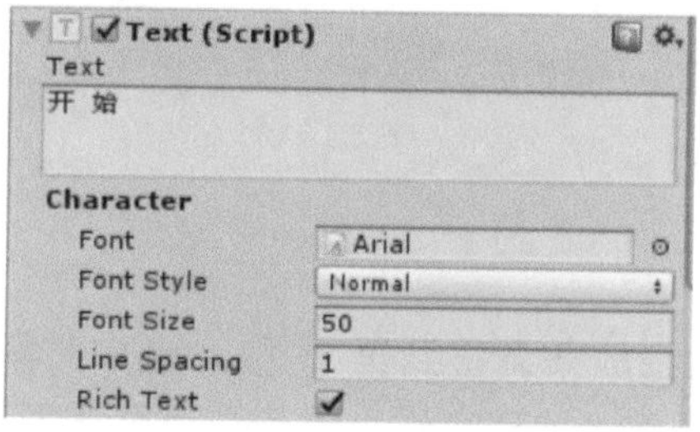

图 6-18　设置文本

### 6.2.5 创建 TitleImage

**步骤 1** 新建 TitleImage

在 Hierarchy 面板中的 BG 对象上单击鼠标右键，选择 UI→Image 命令，创建 Image 对象，并将其重命名为 TitleImage。

**步骤 2** 设置 TitleImage

（1）选择创建的 TitleImage 对象，在 Project 面板的 Assets 中找到 TitleImage 图片，将其拖曳到 Inspector 面板中 Image 组件下的 Source Image 中。

（2）然后在该对象的 Image 组件中单击 Set Native Size 按钮，将图片设置为原始大小。

**步骤 3** 为 TitleImage 创建动画

（1）选中 Hierarchy 面板中的 Canvas 对象，在键盘上按 Ctrl+6 组合键，打开 Animation 窗口，单击 Create 按钮，选择保存路径并保存动画。

（2）然后在 Animation 窗口中单击 Add Property 按钮，在 Animation 窗口中选择 BG→TitleImage→Rect Transform→Anchored Position，单击 Anchored Position 右边的加号图标，如图 6-19 所示。这时会在时间轴窗口自动添加关键帧，如图 6-20 所示。

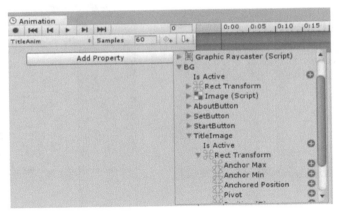

图 6-19　Add Property

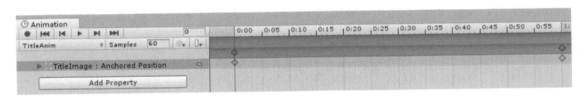

图 6-20　添加关键帧

（3）将时间轴上的红色播放条调整到第 0 帧，选中时间轴上 TitleImage：Anchored Position 第 0 帧的关键帧，再将"神秘海洋"图片拖曳至背景图片的左上角，如图 6-21 所示。此时预览效果，可以看到标题从窗口的左上角进入到屏幕中央。

图 6-21　将标题移到屏幕的左上角

（4）继续在 Animation 窗口中单击 Add Property 按钮，在 Animation 窗口中选择 BG→
TitleImage→Rect Transform→Scale，单击 Scale 右边的加号图标，添加关键帧。

（5）选中 Scale 的初始关键帧，将初始帧的 X 轴、Y 轴和 Z 轴的值均调到 0.1，如
图 6-22 所示。此时预览动画，可以看到标题从屏幕左上角进入的时候从小变大。

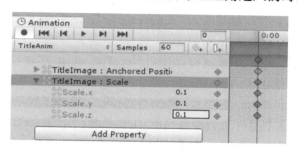

图 6-22　添加缩放动画

（6）为了控制标题动画的播放速度，可以通过将 Samples 设置为 30 来降低播放速度。

（7）在 Project 面板中找到保存的动画并单击，在 Inspector 面板中取消勾选 Loop Time
复选框，如图 6-23 所示。这样标题动画就只播放一次，不会循环播放了。

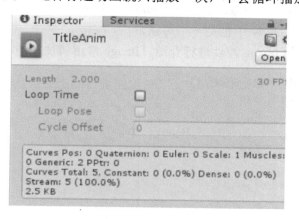

图 6-23　取消循环播放

**步骤 4** 保存场景

到此为止，起始背景的所有元素都已经制作完成，保存该场景。

—— 知 识 总 结 ——

知识点一：UGUI

UGUI 是 Unity 自带的一套 GUI 系统，含有一些基本的 UI 控件。

- Canvas：Canvas 类似我们作画的画布，而在 Canvas 上的控件，则类似画布上的图画，画布是画的载体，同时我们也可以认为 Canvas 是控件的载体。Canvas 是一个带有 Canvas 组件的 Game Object，所有的 UI 都应该是 Canvas 的子物体。
- EventSystem：如果使用 UI 系统，那么 EventSystem 对象会自动创建。这个对象负责监听用户输入，EventSystem 组件主要负责处理输入、射线投射以及发送事件。一个场景中只能有一个 EventSystem 组件。默认情况下，在计算机上可以使用键盘和鼠标输入，在移动设备上可以使用触摸输入。UnityEngine.EventSystems.EventSystem.current 保存了当前活动的 EventSystem 对象。
- RectTransform：Unity UI 系统可以使用 RectTransform 实现基本的布局和层次控制。RectTransform 继承于 Transform，所以 Transform 的所有特征 RectTransform 同样拥有。在 Transform 基础上，RectTransform 增加了轴心、锚点和尺寸变化量。
- CanvasScaler：这个组件负责屏幕适配。UI 系统使用 RectTransform 来计算 UI 的位置和大小，但这还不够。为了让设计的 UI 可以适配不同的分辨率、宽高比和 DPI，这个组件给出了 Constant Pixel Size、Scale With Screen Size 和 Constant Physical Size 三种适配方法，注意任何一种适配方法都不会改变 UI 的宽高比和相对定位。

知识点二：UGUI 的 Image 控件

常用的控件有 Canvas、Text、Image、Button、Toggle、Slider、Scroll Bar、Scroll View 和 Input Field，控件在 Unity 中也是一个对象。

下面将对最常用的 Image 控件进行介绍，Image 常用属性如图 6-24 所示。

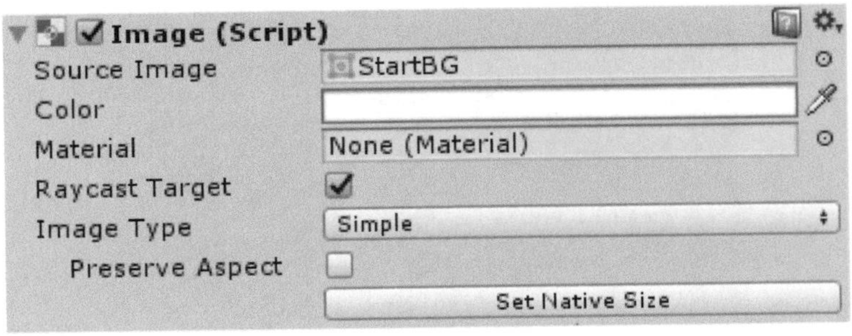

图 6-24　Image 控件属性设置

（1）Source Image（图像源）：格式为 Sprite（2D and UI）的图片资源。

（2）Color（颜色）：用于设置图片叠加的颜色。

（3）Material（材质）：用于设置图片叠加的材质。

（4）Raycast Target（射线投射目标）：设置是否作为射线投射目标，关闭之后忽略 UGUI 的射线检测。

（5）Image Type（图片显示类型）：用于选择图片的显示类型。

● Simple：选择该选项，图片整张全显示，不裁切、不叠加，根据边框大小会有拉伸。

● Sliced（切片）：选择该选项，在 Project 面板中选中图片，在 Inspector 面板中将图片设置为 Sprite（2D and UI），单击 Sprite Editor 按钮进入图片裁切模式，将图片裁切为图 6-25 所示的形状。这样 Image 对象使用 Sliced 模式后，拉伸时图片的四个角会保持原状，而 1 和 4 部分会随着图片的横向拉伸而拉伸，2 和 3 部分会随着图片的纵向拉伸而拉伸，图片的中间部分会拉伸 5 进行填充。

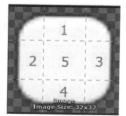

图 6-25　图片裁切

● Tiled（平铺的）：若图片已经裁切过，则使用 Tiled 模式后，拉伸时图片的四个角会保持原状，而 1 和 4 部分会随着图片的横向拉伸而拉伸，2 和 3 部分会随着图片的纵向拉伸而拉伸，图片的中间部分会用 5 进行平铺填充。若图片未裁切，则使用 Tiled 模式后，拉伸时图片保持原大小不做变化，只是用自身平铺填充。

● Filled（填充的）：根据填充方式、填充起点、填充比例决定图片显示哪一部分。

（6）Preserve Aspect（锁定比例）：针对 Simple 模式和 Filled 模式，勾选该复选框后，无论图片的外形放大还是缩小，都会一直保持初始的长宽比例。

### 知识点三：UGUI 的 Button 控件

Button 控件有两个组件，一个是 Image 组件，另一个是 Button 组件。

Image 组件中主要属性如下。

（1）Source Image（图像源）：添加背景图，可让空白的按钮更生动。

（2）Color（填充颜色）：改变图片颜色，可根据当前情况设置。

（3）Material（材质）：添加材质。

（4）Raycast Target（射线检测）：是否接受射线的检测。

Button 组件中的主要属性如下。

（1）Interactable：勾选，按钮可用；取消勾选，按钮不可用。

（2）Transition：按钮在状态改变时自身的过渡方式，包括 Color Tint（颜色改变）、 Sprite Swap（图片切换）和 Animation（执行动画）等。

● Normal Color（默认颜色）：初始状态的颜色。

● Highlighted Color（高亮颜色）：选中状态或是鼠标靠近会进入高亮状态。

● Pressed Color（按下颜色）：鼠标单击或是按钮处于选中状态时按下 Enter 键的颜色。

- Disabled Color（禁用颜色）：禁用时颜色。
- Color Multiplier（颜色切换系数）：颜色切换速度，越大则颜色在几种状态间变化速度越快。
- Fade Duration（衰落延时）：设置颜色变化的延时时间，值越大，则变化越不明显。
- Highlighted Sprite（高亮图片）：选中状态或是鼠标靠近会进入高亮状态。
- Pressed Sprite（按下图片）：鼠标单击或是按钮处于选中状态时按下 Enter 键。
- Disabled Sprite（禁用图片）：禁用时图片。

## 6.3 关于窗口

任务要求

本任务主要是制作关于窗口，要求在单击起始背景上的 AboutButton 按钮时，可以弹出关于窗口。关于窗口主要显示一个静态文本，为了突出显示该文本，在窗口外框中添加了一个黑色背景，可以遮盖后方内容，单击该黑色背景的任意位置可以关闭窗口。图 6-26 为关于窗口的效果，可以看到黑色遮罩虚化了后方内容，从而突出了静态文本。

图 6-26　最终效果

通过完成任务：

- 进一步学习 UGUI 的界面元素布局方式。
- 掌握 Text 文本的创建方法。
- 掌握 Panel 的显示和隐藏技巧。

（资源文件路径：Unity 3D/2D 移动开发实战教程（全彩版）\第 6 章\实例 2）

### 6.3.1　创建 AboutPanel

**步骤 1** 新建 AboutPanel

（1）在 Hierarchy 面板的 Canvas 上单击鼠标右键，选择 UI→Panel 命令，创建一个 Panel。

（2）在新建的 Panel 上单击鼠标右键，选择 Rename 命令，将其重命名为 AboutPanel。

**步骤 2**　删除 Image 组件

选中 AboutPanel 对象，在 Inspector 面板的 Image 组件上单击鼠标右键，选择 Remove Component 命令，将 Image 组件删掉，使此 Panel 只作为一个容器来使用，如图 6-27 所示。

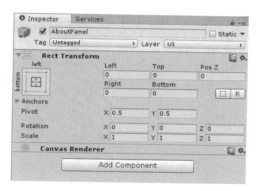

图 6-27　删除 Image 组件

## 6.3.2　创建 AboutPanelMask

**步骤 1**　新建 AboutPanelMask

在 Hierarchy 面板中的 AboutPanel 对象上单击鼠标右键，选择 UI→Image 命令。在新建的 Image 上单击鼠标右键，选择 Rename 命令，将其重命名为 AboutPanelMask。

**步骤 2**　设置 AboutPanelMask 颜色

选中 AboutPanelMask，在 Inspector 面板中找到 Color 属性，将 R、G 和 B 均设置为 0，A 设置为 180，如图 6-28 所示。

**步骤 3**　设置 AboutPanelMask 大小

选中 AboutPanelMask，在 Inspector 面板中将此黑色遮罩大小调整为 1920*1080，使其覆盖背景图片。

**步骤 4**　添加 Button 组件

在 Inspector 面板中单击 Add Component 按钮，为其添加 Button 组件，如图 6-29 所示。这里将黑色遮罩调成满屏，其实就是创建了一个大 Button，这样用户单击屏幕任意位置都可关闭此窗口。

## 6.3.3　创建 BG

**步骤 1**　为 BG 设置图片

（1）在 Hierarchy 面板中的 AboutPanel 对象上单击鼠标右键，选择 UI→Image 命令，

新建一个 Image 对象。

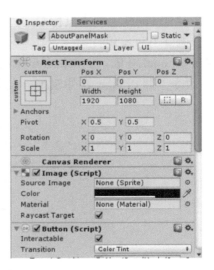

图 6-28　设置 AboutPanelMask 颜色　　　　图 6-29　添加 Button 组件

（2）在新建的 Image 上单击鼠标右键，选择 Rename 命令，将其重命名为 BG。

（3）选中 BG，在 Project 面板中找到 tongyongdadi1 图片，将其拖曳到 Inspector 面板的 Source Image 中，并调整到合适大小。

**步骤 2**　为 BG 创建内边框

（1）在 Hierarchy 面板的 BG 上单击鼠标右键，选择 UI→Image 命令，新建一个 Image 对象。

（2）选中新建的 Image 对象，在 Project 面板中找到 tongyongdadi2，将其拖曳到 Inspector 面板的 Source Image 中，并调整到合适大小，如图 6-30 所示。

图 6-30　设置边框

**注意**：在调整图片大小时，图片的边角会变形，这时需要用到前面介绍的图片处理方法。（6.2.4 创建 StartButton 按钮）

**步骤 3**　为 BG 添加文本

（1）在 Hierarchy 面板的 BG 上单击鼠标右键，选择 UI→Text 命令，创建一个 Text

对象。

（2）选中新建的 Text，在 Inspector 面板将 Text 文本改为"3D 神秘海洋制作组"，将字号设为 40，如图 6-31 所示。

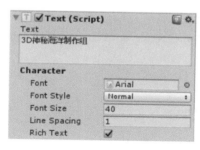

图 6-31　设置文本

### 6.3.4　编写脚本

在 Project 面板中单击鼠标右键，选择 Create→C# Script 命令，创建脚本文件，并命名为 StartUI.cs。双击 StartUI.cs 打开文件进行编写。最后将编写的脚本 StartUI.cs 直接挂在 Canvas 对象上。

```
1.  using System.Collections;
2.  using System.Collections.Generic;
3.  using UnityEngine;
4.  using UnityEngine.UI;
5.  using UnityEngine.SceneManagement;
6.
7.  public class StartUI : MonoBehaviour
8.  {
9.      private Button AboutBtn;
10.     private Button StartBtn;
11.     private Button SetButton;
12.     private GameObject AboutPanel;
13.     private Button AboutPanelMask;
14.
15.     private void Awake()
16.     {
17.         AboutBtn = GameObject.Find("AboutButton").GetComponent
<Button>();
18.         StartBtn = GameObject.Find("StartButton").GetComponent
<Button>();
19.         SetButton = GameObject.Find("SetButton").GetComponent
<Button>();
```

```
20.        AboutPanel = GameObject.Find("AboutPanel");
21.        AboutPanelMask = GameObject.Find("AboutPanelMask").
GetComponent<Button>();
22.
23.        AboutBtn.onClick.AddListener(AboutBtnClicked);
24.        AboutPanelMask.onClick.AddListener(AboutPanelMaskClicked);
25.    }
26.    void Start()
27.    {
28.        InitPanel();
29.    }
30.    void InitPanel()
31.    {
32.        AboutPanel.SetActive(false);
33.    }
34.    void Update()
35.    {
36.    }
37.    private void AboutBtnClicked()
38.    {
39.        AboutPanel.SetActive(true);
40.    }
41.    private void AboutPanelMaskClicked()
42.    {
43.        AboutPanel.SetActive(false);
44.    }
45. }
```

【程序代码说明】

第 9~13 行：声明 Button 对象和所要操作的对象。

第 17 行：获得 AboutButton 对象的 Button 组件，第 18~21 行作用与 17 行类似。

第 23~24 行：注册监听事件，不断查看是否产生点击事件。

第 26~33 行：初始化时，运行 InitPanel 方法，隐藏关于窗口。

第 37~40 行：当单击 AboutButton 按钮的时候显示关于窗口

第 41~44 行：单击黑色遮罩的任何地方即可关闭窗口。

知 识 总 结

 知识点一：UGUI 的 Text 控件

Text 控件用于显示文本，主要的属性有 Character、Paragraph、Color 等。

（1）Character：用于设置字属性。

- Font（字体）：用于设置字体。
- Font Style（字形）：用于设置字形，包含 Normal（正常）；Bold（粗体）；Italic（斜体）；Bold And Italic（粗体+斜体）。
- Font Size（字号）：用于设置字体大小。
- Line Spacing（行间距）：用于设置行间距。
- Rich Text：富文本。

（2）Paragraph：用于设置段落属性。

- Alignment（对齐）：前面三个按钮是水平方向（分别为左对齐、居中、右对齐），后面三个按钮是垂直方向（分别为顶对齐，居中，底对齐）。
- Horizontal Overflow：水平溢出。
- Wrap：当达到水平边界，文本将自动换行。
- Overflow：文本可以超出水平边界，继续显示。
- Vertical Overflow：垂直溢出。
- Truncate：文本不显示超出垂直边界的部分。
- Overflow：文本可以超出垂直边界，继续显示。

（3）Color：颜色。

（4）Material：材质。

### 知识点二：UGUI 的 Panel 控件

Panel 控件又叫面板，面板实际上就是一个容器，在其上可放置其他 UI 控件。当移动面板时，放在其中的 UI 控件就会跟随移动，这样可以更加合理与方便地移动与处理一组控件。一个功能完备的 UI 界面，往往会使用多个 Panel 容器，甚至使用 Panel 嵌套。当创建一个面板时，此面板会默认包含一个 Image 组件，其中，Source Image 用来设置面板的图像，Color 用来改变面板的颜色。

### 知识点三：按钮单击事件

```
public void AddListener(Events.UnityAction call);
public UI.Button.ButtonClickedEvent onClick;
```

按钮按下时触发 UnityEvent，释放按钮时调用添加的 UnityAction。AddListener 负责向 UnityEvent 添加事件侦听器。在 onClick 之前会调用 EventType.MouseDown and EventType.MouseUp。

下面给出常用的使用方法。

```
1.  using UnityEngine;
2.  using System.Collections;
```

```
3.  using UnityEngine.UI;
4.  using UnityEngine.Events;
5.
6.  public class ClickObject : MonoBehaviour
7.  {
8.      void Start ()
9.      {
10.         //获取按钮对象
11.         GameObject btnObj = GameObject.Find ("Canvas/Button");
12.         //获取按钮脚本组件
13.         Button btn = (Button) btnObj.GetComponent<Button>();
14.         //添加点击侦听
15.         btn.onClick.AddListener (onClick);
16.     }
17.     void onClick ()
18.     {
19.         Debug.Log ("click!");
20.     }
21. }
```

## 6.4　设置窗口

任务要求

　　本次任务主要是制作设置窗口，单击起始背景的 SetButton 按钮可以弹出设置窗口。设置窗口主要显示一个 Slider，为了突出显示该窗口，添加了一个黑色背景，遮盖后方内容，单击该黑色背景的任意位置可以关闭设置窗口。Slider 是用来进行音量调节的，音量值能够本地化保存。图 6-32 为设置窗口的效果，可以看到黑色遮罩虚化了后方内容，从而突出了设置窗口。

图 6-32　最终效果

　　通过完成任务：

- 学习 UGUI 中 Slider 的创建方法。
- 掌握数据本地化的实现方法。

（资源文件路径：Unity 3D/2D 移动开发实战教程（全彩版）\第 6 章\实例 3）

## 6.4.1　创建 SettingPanel

步骤 1　新建 SettingPanel

（1）在 Hierarchy 面板的 Canvas 上单击鼠标右键，选择 UI→Panel 命令创建一个 Panel。

（2）在新建的 Panel 上单击鼠标右键，选择 Rename 命令，将其重命名为 SettingPanel。

步骤 2　删除 Image 组件

选中 SettingPanel，在 Inspector 面板的 Image 组件上单击鼠标右键，选择 Remove Component 命令，将 Image 组件删掉，此 Panel 只作为一个容器来使用。

## 6.4.2　创建 SettingPanelMask

步骤 1　新建 SettingPanelMask

在 Hierarchy 面板中的 SettingPanel 对象上单击鼠标右键，选择 UI→Image 命令，创建一个 Image 对象。在新建的 Image 上单击鼠标右键，选择 Rename 命令，将其重命名为 SettingPanelMask。

步骤 2　设置 SettingPanelMask

（1）选中 SettingPanelMask，在 Inspector 面板中找到 Color 属性，将 R、G 和 B 均设置为 0，A 设置为 180。

（2）选中 SettingPanelMask，在 Inspector 面板中，将此黑色遮罩大小调整为 1920*1080，覆盖背景图片。

步骤 3　添加 Button 组件

选中 SettingPanelMask，在 Inspector 面板中单击 Add Component 按钮为其添加 Button 组件。这里将黑色遮罩创建成了一个大 Button，这样用户单击屏幕任意位置即可关闭此窗口。

## 6.4.3　创建 BG

步骤 1　为 BG 设置图片

（1）在 Hierarchy 面板的 SettingPanel 对象上单击鼠标右键，选择 UI→Image 命令，新建一个 Image 对象。

（2）在新建的 Image 上单击鼠标右键，选择 Rename 命令，将其重命名为 BG。

（3）选中 BG，在 Project 面板中找到 tongyongdadi1 图片，将其拖曳到 Inspector 面板的 Source Image 中，并调整到合适大小。

**步骤 2** 为 BG 创建内边框

（1）在 Hierarchy 面板中的 BG 对象上单击鼠标右键，选择 UI→Image 命令，新建一个 Image 对象。

（2）选中新建的 Image，在 Project 面板中找到 tongyongdadi2，将其拖曳到 Inspector 面板的 Source Image 中，并调整到合适大小。

### 6.4.4 添加图标

在 Hierarchy 面板的 SettingPanel 下的 BG 对象上单击鼠标右键，选择 UI→Image 命令，新建一个 Image 对象。选中新建的 Image(1)对象，在 Project 面板中找到 yinyue 图片，将其拖曳到 Inspector 面板的 Source Image 中，并调整大小，如图 6-33 所示。

图 6-33　添加图标

### 6.4.5 创建 Slider

**步骤 1** 新建 Slider

在 Hierarchy 面板的 SettingPanel 下的 BG 对象上单击鼠标右键，选择 UI→Slider 命令，创建一个 Slider 对象，并调整大小。

**步骤 2** 设置 Slider

（1）在 Hierarchy 面板中选择新创建的 Slider 对象下方的 Background 子对象，如图 6-34 所示。在 Project 面板中找到 yinliangtiaodi，将其拖曳到 Inspector 面板的 Source Image 中。

（2）在 Hierarchy 面板中选择新创建的 Slider 对象下方的 Fill 子对象，在 Project 面板中找到 yinliangtiao，将其拖曳到 Inspector 面板的 Source Image 中。

（3）在 Hierarchy 面板中选择新创建的 Slider 对象下方的 Handle 子对象，在 Project 面板中找到 ladonganniu，将其拖曳到 Inspector 面板的 Source Image 中，并调整大小。

### 6.4.6 修改脚本

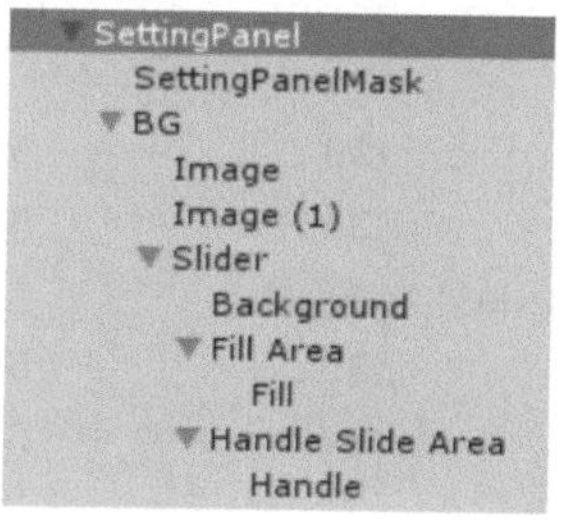

修改 StartUI.cs，使得单击起始背景的设置按钮可以弹出设置窗口。

图 6-34 创建 Slider

```
1.  using System.Collections;
2.  using System.Collections.Generic;
3.  using UnityEngine;
4.  using UnityEngine.UI;
5.  using UnityEngine.SceneManagement;
6.
7.  public class StartUI : MonoBehaviour
8.  {
9.      private Button AboutBtn;
10.     private Button StartBtn;
11.     private Button SetButton;
12.
13.     private GameObject SettingPanel;
14.     private Button SettingMask;
15.     private Slider soundSlider;
16.
17.     private GameObject AboutPanel;
18.     private Button AboutPanelMask;
19.
20.     private void Awake ()
21.     {
22.         AboutBtn = GameObject.Find ("AboutButton").GetComponent
<Button> ();
23.         StartBtn = GameObject.Find ("StartButton").GetComponent
<Button> ();
24.         SetButton = GameObject.Find ("SetButton").GetComponent
<Button> ();
25.
26.         SettingPanel = GameObject.Find ("SettingPanel");
27.         SettingMask = GameObject.Find ("SettingPanelMask")
.GetComponent <Button> ();
28.         soundSlider = GameObject.Find ("Slider").GetComponent
<Slider> ();
29.
30.         AboutPanel = GameObject.Find ("AboutPanel");
31.         AboutPanelMask = GameObject.Find ("AboutPanelMask").
```

```
GetComponent <Button> ();
32.
33.             AboutBtn.onClick.AddListener (AboutBtnClicked);
34.             AboutPanelMask.onClick.AddListener (AboutPanel
MaskClicked);
35.             SetButton.onClick.AddListener (SetBtnClicked);
36.             SettingMask.onClick.AddListener (SetPanelMaskClicked);
37.     }
38.
39.     void Start ()
40.     {
41.     InitPanel ();
42.     }
43.
44.     void InitPanel ()
45.     {
46.         soundSlider.value = 1;
47.
48.         AboutPanel.SetActive (false);
49.         SettingPanel.SetActive (false);
50.     }
51.
52.     void Update ()
53.     {
54.     }
55.
56.     private void AboutBtnClicked ()
57.     {
58.         AboutPanel.SetActive (true);
59.     }
60.
61.     private void AboutPanelMaskClicked ()
62.     {
63.         AboutPanel.SetActive (false);
64.     }
65.
66.     private void SetBtnClicked ()
67.     {
68.         SettingPanel.SetActive (true);
69.     }
70.
71.     private void SetPanelMaskClicked ()
72.     {
```

```
73.          SettingPanel.SetActive (false);
74.      }
75. }
```

【程序代码说明】

第 13～15 行：声明对象。

第 26～28 行：分别获得 SettingPanel 对象、SettingPanelMask 的 Button 组件和 Slider 对象的 Slider 组件。

第 35～36 行：为 SetButton 和 SettingMask 注册 onClick 事件。

第 46 行：初始化对象，默认将 Slider 调整为最大值 1。

第 49 行：程序运行以后设置窗口是关闭的。

第 66～69 行：显示设置窗口。

第 71～74 行：隐藏设置窗口。

## 6.4.7　设置音量

**步骤 ①** 创建 Resources 文件夹

在 Asset 目录中创建一个 Resources 的文件夹，后期就可以使用 Resources.Load 的方式在运行时加载资源。

**步骤 ②** 复制音频文件

创建好文件夹后，将准备好的音频文件 login.mp3 复制到 Resources 文件夹中。

**步骤 ③** 创建 Audiosource

在 Hierarchy 面板中单击鼠标右键，选择 Audio→Audio Source 命令，创建一个 AudioSource 对象，将其重命名为 Audiosource。

**步骤 ④** 编写脚本

在 Project 面板空白处单击鼠标右键，选择 Create→C# Script 命令，创建脚本文件，并命名为 GameConst.cs。双击 GameConst.cs 文件，进入脚本编辑器编写程序。

```
1.  using System.Collections;
2.  using System.Collections.Generic;
3.  using UnityEngine;
4.  public class GameConst
5.  {
6.      public enum PlayerPrefsStr
7.      {
8.          soundValue,
9.      }
10. }
```

**步骤 ⑤** 修改脚本

修改 StartUI.cs 脚本，使得 Slider 可以控制音量。

（1）在 StartUI.cs 中添加私有成员 AS。

```
1.  private AudioSource AS;
```

（2）在 Awake() 函数中添加以下语句。

```
1.  AS = GameObject.Find("Audiosource").GetComponent<AudioSource>();
2.  StartBtn.onClick.AddListener(StartBtnClicked);
```

（3）修改 void InitPanel()函数。

```
1.  void InitPanel()
2.  {
3.      if (PlayerPrefs.HasKey(GameConst.PlayerPrefsStr.soundValue.ToString()))
4.      {
5.          float vol = PlayerPrefs.GetFloat(GameConst.PlayerPrefsStr.sound Value.ToString());
6.          AS.volume = vol;
7.          soundSlider.value = vol;
8.      }
9.      else
10.     {
11.         AS.volume = 1;
12.         PlayerPrefs.SetFloat(GameConst.PlayerPrefsStr.soundValue.ToString(), 1);
13.         soundSlider.value = 1;
14.     }
15.
16.     soundSlider.onValueChanged.AddListener(delegate (float vol)
17.         {
18.             PlayerPrefs.SetFloat(GameConst.PlayerPrefsStr.soundValue.ToString(), vol);
19.             AS.volume = vol;
20.         });
21.
22.     AS.clip = Resources.Load("login") as AudioClip;
23.     AS.Play();
24.     SettingPanel.SetActive(false);
25.     AboutPanel.SetActive(false);
26. }
```

【程序代码说明】

第 3～14 行：表示如果 PlayerPrefs 中存有该键，则取出对应的值，并设置音量的值和滑动条的值；如果没有，则设置音量值为 1，滑动条的值为 1，并将 1 本地化保存。

第 16～17 行：表示只要手动拖曳滑动条，即将其值本地化保存，同时设置音频的音量。

第 22～23 行：表示加载音频并且播放。

（4）添加 private void StartBtnClicked() 函数

```
1.  private void StartBtnClicked()
2.  {
3.      SceneManager.LoadScene("LoadScene");
4.  }
```

【程序代码说明】

第 1～4 行：表示单击起始背景的 StartButton 按钮，加载新场景 LoadScene。这里需要注意的是 LoadScene 场景必须已经存在，并且在 Build Setting 中已经添加了这个场景，才能够正确运行。

── 知 识 总 结 ──

知识点一：UGUI 的 Slider 控件

Slider（滑动条）是一个复合控件，Background 是背景；Fill Area 是填充区域，其子控件 Fill 中只有一个 Image(Script) 专有组件；Handle Slice Area 中的子控件 Handle（手柄）中也只有一个 Image(Script) 专有组件。

（1）Slider 特有属性
- Fill Rect（填充矩形）：滑块条对象的 Transform。
- Handle Rect（操作条矩形）：滑块对象的 Transform。
- Direction（方向）：滑动条的方向，可以从左到右、从右到左、从上到下、从下到上。
- Min Value（最小值）：滑动条的可变化最小值。
- Max Value（最大值）：滑动条的可变化最大值。
- Whole Numbers（变化值为整型）：勾选后滑动条只能整数控制。
- Value（值）：当前滑动条对应的值。

（2）Slider 事件监听

public UI.Slider.SliderEvent onValueChanged;每当滑块的数值由于拖动被改变时调用，使用方法如下。

```
1.  using UnityEngine;
2.  using System.Collections;
3.  using UnityEngine.UI;
4.  public class Example : MonoBehaviour
```

```
5.  {
6.      public Slider mainSlider;
7.      public void Start()
8.      {
9.          //为 mainSlider 注册事件监听器
10.         mainSlider.onValueChanged.AddListener(delegate
{ValueChangeCheck(); });
11.     }
12.     // 编写事件处理函数，当 mainSlider 的 value 发生变化时调用该函数
13.     public void ValueChangeCheck()
14.     {
15.         Debug.Log(mainSlider.value);
16.     }
17. }
```

### 知识点二：数据本地保存

Unity 提供了一个用于持久化本地保存与读取的类——PlayerPrefs。工作原理非常简单，以键值对的形式将数据保存在文件中，然后程序可以根据这个名称取出上次保存的数值。

PlayerPrefs 类支持 3 种数据类型的保存和读取：浮点型、整型和字符串型。它是持久存储于设备上的，例如安卓，只要用户没有删除应用或者手动清除应用数据，PlayerPrefs 的数据就会一直保留。

PlayerPrefs 包含读和写两部分，刚好和 get 与 set 相对应，所以用 get 和 set 包装一下，PlayerPrefs 就可以当作普通变量来使用。

各种不同类型数据的读写分别对应的函数如下。

SetInt();保存整型数据。

GetInt();读取整型数据。

SetFloat();保存浮点型数据。

GetFlost();读取浮点型数据。

SetString();保存字符串型数据。

GetString();读取字符串型数据。

在 PlayerPrefs 类中还提供了如下功能。

PlayerPrefs.DeleteKey(key : string)删除指定数据。

PlayerPrefs.DeleteAll() 删除全部键。

PlayerPrefs.HasKey (key : string)判断数据是否存在的方法。

PlayerPrefs 存储数据时，其在 Windows 的存储路径是注册表，在 Windows 系统的"运

行"窗口输入 regedit 可以打开注册表。数据存储于 HKEY_CURRENT_USER->Software -> CompanyName->ProjectName 中，其中的 CompanyName 和 ProjectName 可以在 Unity-> Edit->Project Settings->Player 中查看和设置。

## 6.5　动态鱼

**任务要求**

为了让起始界面变得生动有趣，在起始界面中显示一个动态鱼，单击它可以播放动画。本任务中调整摄像机的渲染模式，使其可以同时显示 UI 界面和 3D 模型。图 6-35 为动态鱼的效果，单击它可以播放动态鱼的动画。

图 6-35　最终效果

通过完成任务：
- 掌握碰撞器 Capsule Collider 的使用方法。
- 掌握摄像机的渲染模式。

（资源文件路径：Unity 3D/2D 移动开发实战教程（全彩版）\第 6 章\实例 4）

### 6.5.1　创建 Other

**步骤 1**　新建 Other

在 Hierarchy 面板中单击鼠标右键，选择 Create Empty 命令，创建一个 GameObject 对象。在新创建的 GameObject 对象上单击鼠标右键，选择 Rename 命令，为其重命名为 Other。

**步骤 2**　添加动态鱼

（1）在 Project 面板空白处单击鼠标右键，选择 Import Package→Custom Package 命令，导入本任务中需要的素材包，如图 6-36 所示。

（2）找到素材包中的 jianyu.fbx 模型，直接将其拖曳至 Hierarchy 面板的 Other 上，调整动态鱼的大小。

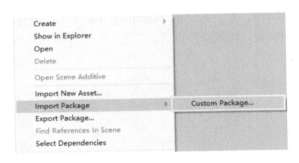

图 6-36　导入素材包

**步骤 3** 设置动态鱼

（1）在 Hierarchy 面板中选中 jianyu，在 Inspector 面板中将 Layer 改为 UI，如弹出 Change Layer 提示窗口，直接单击 Yes 按钮即可。

（2）从图 6-37 也可以看出来，动态鱼已经具备了 Animator 组件（如果 Animator 组件的 Controller 丢失，可以从 Project 面板查找动态鱼的控制器，找到后为 Controller 赋值），双击打开其对应的 Controller，可以发现动态鱼具有三个状态，如图 6-38 所示。

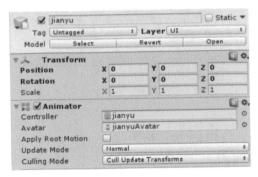

图 6-37　设置动态鱼

**步骤 4** 添加 Capsule Collider

在 Hierarchy 面板中选中动态鱼，为其添加 Capsule Collider 碰撞器，将 Direction 改为 X-Axis，并调整大小，修改 Radius 和 Height 的值，如图 6-39 所示。

### 6.5.2　设置摄像机

**步骤 1** 调整摄像机参数

在 Canvas 的 Inspector 面板中设置 Render Mode 为 Screen Space-Camera，设置 Render Camera 为 Main Camera，如图 6-40 所示。

**步骤 2** 调整对象位置

（1）注意调整动态鱼、UI 以及摄像机之间的位置，UI 中的大背景不要遮盖住动态鱼，如图 6-41 所示。

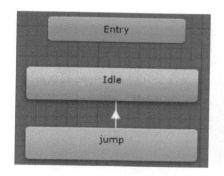

图 6-38　动态鱼的动画状态

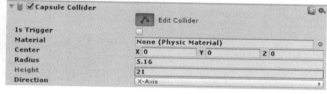

图 6-39　添加 Capsule Collider

图 6-40　调整摄像机参数

图 6-41　调整对象位置

（2）如果调整为图 6-42 所示的位置，则照不到动态鱼。这个过程可以通过适当调整摄像机的参数、鱼模型的 Transform 属性以及 Canvas 对象的属性，使得摄像机照到全部，而且大小合适，层次正确，需要边调整边在 Game 面板预览。

### 6.5.3　编写脚本

在 Project 面板中单击鼠标右键，选择 Create→C# Script 命令，创建脚本文件，并命名为 PlayAni.cs。双击 PlayAni.cs 打开文件编写脚本。

将编写好的脚本挂在 Hierarchy 面板的 jianyu 对象上，运行软件，单击动态鱼可以看到播放动画的效果。

图 6-42　起始背景遮挡动态鱼

```
1.   using System.Collections;
2.   using System.Collections.Generic;
3.   using UnityEngine;
4.
5.   public class PlayAni : MonoBehaviour {
6.       private Animator ani;
7.       void Start () {
8.           ani = transform.GetComponent<Animator>();
9.       }
10.      void Update () {
11.          if (Input.GetMouseButtonDown(0)) {
12.              Ray ray = Camera.main.ScreenPointToRay(Input.
mousePosition);
13.              RaycastHit hit;
14.              if (Physics.Raycast(ray,out hit)) {
15.                  ani.Play("jump");
16.              }
17.          }
18.      }
19.  }
```

【程序代码说明】

第 6 行：声明 Animator 对象。

第 8 行：获取当前对象的 Animator 组件。

第 11 行：判断用户是否按下鼠标左键。

第 12 行：生成射线 ray。

第 13 行：对于碰撞信息的存储。

第 14～16 行：判断射线有没有碰到碰撞器，如果碰到，播放对象的 jump 动画。

知 识 总 结

 知识点一：胶囊碰撞器

胶囊碰撞器由一个圆柱体连接两个半球体组成。胶囊碰撞器的半径和高度都可以单独调节，它在角色控制器（Character Controller）中使用，适用于柱状物，可以和其他碰撞器结合用于不规则的形状。

胶囊碰撞器的主要属性如下。

- Center：碰撞体在对象局部坐标空间中的位置。
- Radius：碰撞体局部坐标底面圆的半径。
- Height：碰撞体的总高度。
- Direction：对象局部坐标空间中胶囊纵向方向的轴。

 知识点二：渲染模式

1. Screen Space – Overlay

在此模式下不会参照到 Camera，UI 直接显示在任何图形之上。

- Pixel Perfect：可以使图像更清晰，但是有额外的性能开销，如果在有大量 UI 动画时，动画可能会不平顺。
- Sort Order：深度值，该值越高显示越前面。

2. Screen Space – Camera

使用一个 Camera 作为参照，将 UI 平面放置在 Camera 前的一定距离。因为是参照 Camera，如果屏幕大小、分辨率、Camera 视锥改变时 UI 平面会自动调整大小。如果 Scene 中的 GameObject 比 UI 平面更靠近摄像机，就会遮挡到 UI 平面。

- Render Camera：用于渲染的摄像机。
- Plane Distance：与 Camera 的距离。
- Sorting Layer：Canvas 属于的排序层，在 Edit->Project Setting->Tags and Layers-> Sorting Layers 进行新增，越下方的层显示越靠前面。
- Order in Layer：Canvas 属于的排序层下的顺序，该值越高显示越靠前面。

3. World Space

把物体当作世界坐标中的平面（GameObject），也就是当作 3D 物件，显示 3D UI。

- Event Camera：处理 UI 事件（Click、Drag）的 Camera，所设定的 Camera 才能触发事件。

 知识点三：射线检测

射线是在三维世界中从一个点沿一个方向发射的一条无限长的线。在射线的轨迹上，一旦与添加了碰撞器的模型发生碰撞，将停止发射。我们可以利用射线实现子弹击中目标的检测以及鼠标单击拾取物体等功能。

### 1. Physics.Raycast

Physics.Raycast 可以理解为发射射线，常用形式如下。

public static bool Raycast(Ray ray, out RaycastHit hitInfo, float maxDistance);

- Ray：射线，就是以某个位置（origin）朝某个方向（direction）的一条射线。
- RaycastHit：用于存储射线碰撞到的第一个物体的信息，所以需要提前创建这个对象，用于碰撞信息的存储。
- maxDistance：这条射线的最大距离。
- out 关键字：参数通过引用来传递。这与 ref 关键字类似，不同之处在于 ref 要求变量必须在传递之前进行初始化。若要使用 out 参数，方法定义和调用方法都必须显式使用 out 关键字。

除了上述这种形式，Physics.Raycast 还有其他的形式，列表如下。

```
    public static bool Raycast(Ray ray, RaycastHit hitInfo, float distance,
int layerMask);
    public static bool Raycast(Ray ray, float distance, int layerMask);
    public static bool Raycast(Vector3 origin, Vector3 direction, float
distance, int layerMask);
    public static bool Raycast(Vector3 origin, Vector3 direction, RaycastHit,
float distance, int layerMask);
```

### 2. RaycastHit

RaycastHit 类用于存储发射射线后产生的碰撞信息，一般需要先声明了一个 RaycastHit 类型的变量 hitInfo。在 Physics.Raycast()方法后，hitInfo 这个变量就携带了射线碰撞到那个物体的一些信息。常用的成员变量如下。

- collider：与射线发生碰撞的碰撞器。
- distance：从射线起点到射线与碰撞器交点的距离。
- normal：射线射入平面的法向量。
- point：射线与碰撞器交点的坐标。

## 6.6 加载界面

任务要求

本次任务完成的加载界面，是从起始界面进入到展馆漫游时的一个过渡界面。需要使用 Slider 控件，Slider 控件是由滑块和滑动条组成的。在滑动过程中，Slider 控件可以计算滑动时所占滑动条的比例。最终效果如图 6-43 所示。

通过完成任务：

- 掌握场景加载的方法。
- 掌握 Slider 动态变化的方法。

（资源文件路径：Unity 3D/2D 移动开发实战教程（全彩版）\第6章\实例5）

图 6-43　最终效果

## 6.6.1　创建背景

步骤 1　新建场景

上一节已经完成了 3D 神秘海洋软件的起始界面，本节我们来制作加载界面。首先在已有的项目中新建一个场景，在新场景中制作加载界面。

步骤 2　新建 Image 对象

（1）在 Hierarchy 面板中单击鼠标右键，选择 UI→Canvas 命令，新建一个 Canvas 对象。

（2）在新建的 Canvas 对象上单击鼠标右键，选择 UI→Image 命令，新建 Image 对象。

（3）选中新建的 Image 对象，在 Project 面板中找到 StartBG 图片，将其拖曳到 Inspector 面板的 Source Image 中，如图 6-44 所示。

（4）在 Inspector 面板单击 Rect Transform 右上角的小齿轮，选择 Reset 选项，在 Image 选项区域中单击 Set Native Size 按钮，将图片设置成原始大小。

图 6-44　设置 Source Image

## 6.6.2　创建 LoadProgress

步骤 1　创建 LoadProgress

在 Canvas 上单击鼠标右键，选择 UI→Slider 命令，创建一个 Slider 对象，并将其重命名为 LoadProgress，调整大小。

**步骤 2** 设置 LoadProgress

（1）选择 LoadProgress 下的 Background，在 Project 面板中找到 yinliangtiaodi 图片，将其拖曳到 Inspector 面板的 Source Image 中。

（2）选择 LoadProgress 下的 Fill，在 Project 面板中找到 yinliangtiao 图片，将其拖曳到 Inspector 面板的 Source Image 中。

（3）因为加载界面不需要手动控制滑动条，所以删除 LoadProgress 下的 Handle Slider Area 对象。

**步骤 3** 创建 ProgressText

（1）在 LoadProgress 上单击鼠标右键，选择 UI→Text 命令，创建 Text 对象，并将其重命名为 ProgressText，如图 6-45 所示。

（2）在 Inspector 面板中将新建的 ProgressText 文本改为 100%，大小调为 50，并将其颜色设置为白色，移动到合适的位置，如图 6-46 所示。

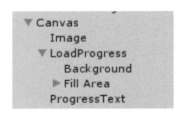

图 6-45　创建 ProgressText

图 6-46　设置文本

（3）保存场景并将场景命名为 LoadScene。

## 6.6.3　编写脚本

在 Project 面板空白处单击鼠标右键，选择 Create→C# Script 命令，创建脚本文件，并命名为 LoadScript.cs，双击 LoadScript.cs 打开文件编写脚本。

```
1.  using System.Collections;
2.  using System.Collections.Generic;
3.  using UnityEngine;
4.  using UnityEngine.UI;
5.  using UnityEditor.SceneManagement;
6.  public class LoadScript : MonoBehaviour {
7.      private Slider LoadProgress;
8.      private Text ProgressText;
9.      private float loadTime = 5;
10.     private float curTime = 0;
11.     private void Awake()
12.     {
```

```
13.          LoadProgress = this.transform.Find("LoadProgress").
GetComponent <Slider>();
14.          ProgressText = GameObject.Find("ProgressText").
GetComponent <Text>();
15.          LoadProgress.value = 0;
16.     }
17.     void Start () {
18.     }
19.     void Update () {
20.         curTime += Time.deltaTime;
21.         if (curTime >= loadTime) {
22.             EditorSceneManager.LoadScene("Exhibition");
23.         }
24.         ProgressText.text = Mathf.Floor(curTime/5*100).
ToString()+"%";
25.         LoadProgress.value = curTime / 5;
26.     }
27. }
```

【程序代码说明】

第 9 行：private float loadTime = 5;为总的加载时间。

第 10 行：private float curTime = 0;为当前时间。

第 11～16 行：获得 Slider 组件和 Text 组件，将 LoadProgress 的值设为 0。

第 20 行：更新 curTime 的值。

第 21～23 行：如果 curTime 大于或等于 loadTime，则载入场景 Exhibition。这里需要注意的是 Exhibition 场景必须已经存在，并且已经添加到 Build Setting 中，才能够正确运行，否则会发生错误，我们将在后续章节中创建 Exhibition 场景。

第 24 行：用 curTime 动态显示加载百分比。

第 25 行：用 curTime 动态控制进度条的值，进度条的 value 随着 curTime 的变化而变化。

### 知 识 总 结

Mathf 相关函数如下。

- static float Floor(float value)：用来返回小于或等于浮点数 value 的一个最大整数（注意：返回的是一个 falot 类型）。
- int FloorToInt(float value)：和 Floor 一样，只是返回的是一个 int 类型。
- float Ceil(float value)：用来返回大于或者等于浮点数 value 的一个最小整数（注意：返回的是一个 falot 类型）。
- int CeilToInt(float value)：和 Ceil 一样，只是返回的是一个 int 类型。

- float Round(float value)：返回四舍五入值（注意：返回的是一个 falot 类型）。
- int RoundToInt(float value)：和 Round 很像，只是返回值为 int 类型。
- float Pow(float f,float p)：返回 f 的 p 次方。

## 6.7　创建场景

**任务要求**

本次任务要在新场景中添加展馆，展馆中已经布置好各种海洋生物。另外添加了人物角色，利用键盘上的 W、S、A 和 D 键或者是↑、↓、←和→键可以对该人物进行控制。创建的场景效果如图 6-47 所示。

图 6-47　最终效果

通过完成任务：

- 了解 Unity Standard Assets 的用法。
- 了解 Characters 的用法。

（资源文件路径：Unity 3D/2D 移动开发实战教程（全彩版）\第 6 章\实例 6）

### 6.7.1　创建展馆

**步骤 1**　新建场景

上一节已经完成了 3D 神秘海洋软件的加载界面，本节我们来制作展馆漫游。首先在已有的项目中新建一个场景，在新场景中进行后续制作。

**步骤 2**　添加展馆

双击打开素材文件夹中的 Exhibition.unitypackage，将其全部导入。将导入的 _geometry.prefab 添加到 Hierarchy 面板中，这是已经制作好的一个展览馆，展览馆共有两个展厅，在展览馆的柜台上已经放好了各种海洋生物模型。

### 6.7.2　创建 Me

**步骤 1**　导入素材

双击打开素材文件夹中的 Me.unitypackage，将其导入本项目。将导入的 ThirdPerson Controller.prefab 添加到 Hierarchy 面板中，如图 6-48 所示。这是 Unity 官方提供的资源。

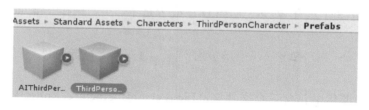

图 6-48　添加 ThirdPersonController.prefab

**步骤 2**　添加 Me

单击选中刚刚拖入到 Hierarchy 面板中的 ThirdPersonController 对象，并单击鼠标右键选择 Rename 命令，将其重命名为 Me。

**步骤 3**　设置 Me

（1）选中 Me，在其 Inspector 面板中调整 Me 在展馆中的位置、大小以及方向（Position、Rotation 和 Scale），如图 6-49 所示。将 Me 移动到展厅入口的过道处，并面向展厅入口处，效果如图 6-50 所示。

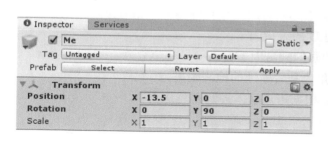

图 6-49　设置 Me 的属性

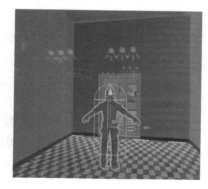

图 6-50　Me 位于展厅的过道处

（2）修改右侧 Inspector 面板的 Third Person Character(Script)中的参数，将 Ground Check Distance 设置为 0.3、Jump Power 设置为 6，如图 6-51 所示。

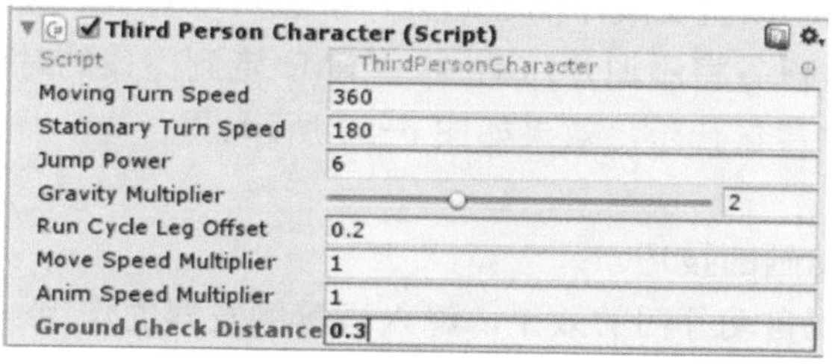

图 6-51　设置 Third Person Character(Script)中的参数

**步骤 4** 操作 Me

（1）使用 Gameobject→Align with view 将选择的对象自动移动到当前视图并以当前视图为中心进行对齐，这样就将摄像机调整到 Me 的后面。

（2）现在利用键盘上的 W、S、A 和 D 键或者是 ↑、↓、←和→键对该人物进行控制。

➤─── 知 识 总 结 ───◆

Characters 资源包中包含三个文件夹：FirstPersonCharacter、RollerBall 和 ThirdPerson Character。其中 FirstPersonCharacter 文件夹提供第一人称控制器，ThirdPersonCharacter 文件夹提供第三人称角色控制器。

ThirdPersonCharacter 文件夹中的内容介绍如下。

（1）AIThirdPersonController 预制体：由 AI 控制的人物预设，自动朝特定目标行进。

（2）ThirdPersonController 预制体：通用的第三人称角色控制器。

（3）AICharacterControl 类：提供人物模型朝特定目标的自动寻路功能。

（4）ThirdPersonCharacter 类：提供对第三人称角色各项参数的设置功能。

● MovingTurnSpeed：运动中的转向速度。

● StationaryTurnSpeed：站立时的转向速度。

● JumpPower：起跳的力度。

● GravityMultiplier：重力影响的乘量因子。

● RunCycleLegOffset：奔跑状态下起跳时用于计算两腿前后相对位置的偏移参数。

● MoveSpeedMultiplier：移动速度的乘量因子。

● AnimSpeedMultiplier：移动动画的乘量因子。

● GroundCheckDistance：判断角色是否着地的检测距离。

（5）ThirdPersonUserControl 类：根据用户输入控制角色运动。

## 6.8 进入展厅

任务要求

在上述任务中将 Me 放置在展厅的过道处，并且可以对 Me 进行操作。但展厅入口处的大门是关闭的。本次任务将添加开门动画，当 Me 走到门口的时候，控制门自动打开，弹出欢迎界面，并播放背景音乐，效果如图 6-52 所示。

通过完成任务：

● 掌握制作开门动画的技巧。

● 利用触发器实现自动开门的效果，深入理解触发器的作用。

● 进一步熟悉 UI 界面的制作与显示。

● 进一步熟悉音频的操作与控制。

（资源文件路径：Unity 3D/2D 移动开发实战教程（全彩版）\第 6 章\实例 7）

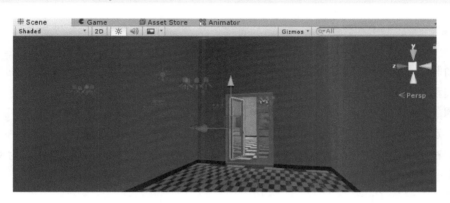

图 6-52　最终效果

## 6.8.1　制作开门动画

**步骤 1**　为 wall_11（1）创建动画

（1）门对象属于 wall_11(1)的子对象，选中 Hiererchy 面板中的_geometry→walls→wall_11(1)对象，接下来按 Ctrl+6 组合键打开 Animation 窗口。

（2）在 Animation 窗口单击 Create 按钮，选择路径并保存动画为 OpenDoor.anim。

**步骤 2**　为 door_1 制作开门动画

（1）单击 Animation 窗口中的 Add Property 按钮，找到 door→door_1，展开 Transform→Rotation，单击 Rotation 右边的加号，自动添加关键帧。

（2）将红色的播放线拖动到时间线的最右端，选择 Rotation.y 最右侧的关键帧，然后将值调整为-90，制作开门动画。

（3）将 Samples 的值改为 30，使得动画播放速度变慢，door_1 动画的最终设置如图 6-53 所示。

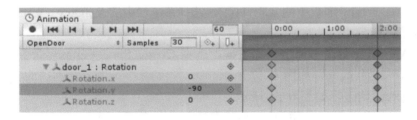

图 6-53　制作开门动画

**步骤 3**　设置动画不循环播放

此时运行软件会发现不停播放开门动画。在 Project 面板的 Assets 中，选中刚刚创建的 OpenDoor.anim 动画文件，在 Inspector 面板中取消勾选 Loop Time 复选框，这样开门动画只播放一次。

### 6.8.2　触发动画进入展厅

上面制作的开门动画，程序一运行就会自动播放。下面制作当人物走到门前时才自动触发开门动画，门开后 Me 就可以进入展厅了。

**步骤 1**　创建 Cube

（1）选中 Hiererchy 面板中的_geometry→walls→wall_11(1)对象。

（2）在菜单栏中选择 GameObject→3D Object→Cube 命令，如图 6-54 所示。为 wall_11(1)创建一个子对象 Cube。

**步骤 2**　设置 Cube

（1）选中 Cube，在右侧的 Inspector 面板中找到 Transform，修改其中的 Position 与 Scale 的值，并调整到合适的大小和位置，如图 6-55 所示。

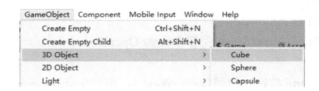

图 6-54　创建 Cube　　　　　图 6-55　调整 Cube 的大小和位置

（2）选中 Cube，在 Inspector 面板中找到 Box Collider，选中 Is Trigger，当人物碰到 Cube 的时候即播放开门动画，门开后人物可以进入展厅。

（3）不需要显示该 Cube，因此要取消 Mesh Renderer 复选框的勾选，如图 6-56 所示。

**步骤 3**　设置动画

（1）选中 Hiererchy 面板中的 wall_11(1)，选择菜单栏中的 Window→Animator 命令，打开 Animator 面板。

（2）在 Animator 窗口中单击鼠标右键，选择 Create State→Empty 命令，创建一个空状态，将其名称改为 none，如图 6-57 所示。

（3）设置动画状态，如图 6-58 所示。

（4）在 Animation 面板中添加 int 型的参数 state。然后单击 none 和 OpenDoor 中间的连线，在右侧 Inspector 面板的 Conditions 中，设置从 none 状态转换到 OpenDoor 状态的条件，如图 6-59 所示。现在运行软件，会发现门已经不会自动打开，后续通过添加脚本，在脚本中实现 Me 走到门前时自动触发开门动画的效果。

**步骤 4** 创建脚本

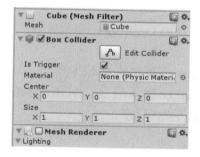

图 6-56 设置 Cube

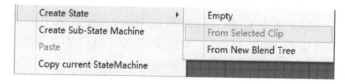

图 6-57 创建 none

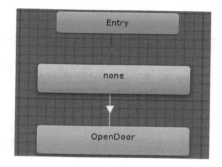

图 6-58 设置动画状态

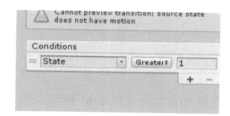

图 6-59 设置状态转换条件

在 Project 面板中创建脚本文件 DoorTrigger.cs，双击 DoorTrigger.cs 文件并编写脚本。

```
1.  using System.Collections;
2.  using System.Collections.Generic;
3.  using UnityEngine;
4.  using UnityEngine.UI;
5.  public class DoorTrigger : MonoBehaviour
6.  {
7.      public Animator ani;
8.      void Start()
9.      {        }
10.     void Update()
11.     {        }
12.     public void OnTriggerEnter(Collider other)
13.     {
14.         ani.Play("OpenDoor");
15.     }
16. }
```

【程序代码说明】

第 7 行：声明动画对象。

第 12～15 行：触发动画的函数，其中第 14 行表示播放动画 OpenDoor。

步骤 5 添加脚本组件

（1）将编写好的脚本 DoorTrigger.cs 拖曳到左侧 Hierarchy 面板中的 Cube 对象上。

（2）选中 Cube，找到右侧 Inspector 面板中的 DoorTrigger 脚本组件，将 Hiererchy 面板中的 wall_11(1)对象拖曳到 Ani 里，为其赋值，如图 6-60 所示。

图 6-60　为 Ani 赋值

（3）预览效果，可以看到当 Me 走到门口的时候，门自动打开，这样就可以进入展厅了。

### 6.8.3 弹出欢迎界面

欢迎界面的效果如图 6-61 所示。欢迎界面的 UI 结构如图 6-62 所示。该 UI 最底层是一个 Panel 容器，将其自带的 Image 删除；在 Panel 下包含一个 Image 对象，重命名为 Mask，为其添加 Button 组件；Panel 还包含一个 Image 对象，命名为 BG；在 BG 中包含一个 Image 和一个 Text 文本。

图 6-61　欢迎界面

图 6-62　欢迎界面 UI 框架结构

步骤 1 创建 Panel

（1）在 Hierarchy 面板空白处单击鼠标右键，选择 UI→Canvas 命令，创建 Canvas。

（2）选中刚刚创建的 Canvas，在 Inspector 面板中，将 Layer 的值改为 UI，如图 6-63 所示。

（3）在 Hierarchy 面板的 Canvas 对象上单击鼠标右键，选择 UI→Panel 命令，为 Canvas 创建子对象。

（4）将刚刚创建的 Panel 重命名为 WelComePanel。

（5）选中 WelComePanel 对象，在右侧 Inspector 面板的 Image 组件上单击鼠标右键，选择 Remove Component 命令，将 Image 组件删除。

**步骤 2** 创建 Mask

（1）在 Hierarchy 面板的 WelComePanel 对象上单击鼠标右键，选中 UI→Image 命令，创建 Image 对象，并将其重命名为 Mask。

（2）选中 Mask，并在右侧的 Inspector 面板中找到 Color，单击 Color 后面的方框调整颜色，将 R、G 和 B 均设置为 0，A 设置为 180，如图 6-64 所示。

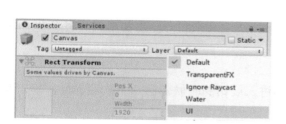

图 6-63　设置 Layer

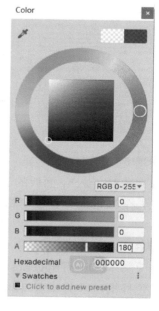

图 6-64　设置 Mask 的颜色和透明度

（3）选中 Mask，并在右侧的 Inspector 面板中找到其中的 Rect Transform 并调整其大小，将 Width 的值设为 1920，将 Height 的值设为 1080。

（4）单击 Inspector 面板中的 Add Component 按钮，为 Mask 添加 Button 组件。

**步骤 3** 创建 BG

（1）在 Hierarchy 面板的 WelComePanel 对象上单击鼠标右键，选择 UI→Image 命令，创建 Image 对象，并将其重命名为 BG。

（2）选中 BG，在 Project 面板中找到 tongyongdadi1，将其拖曳到右侧 Inspector 面板中 Image（Script）组件的 Source Image 中，并调整大小，如图 6-65 所示。

图 6-65　设置外边框

**步骤 4** 创建内边框

（1）在 Hierarchy 面板的 BG 对象上单击鼠标右键，选择 UI→Image 命令，创建 Image 对象。

（2）选中刚刚创建的 Image 对象，在 Project 面板中找到 tongyongdadi2，将其拖曳到右侧 Inspector 面板中 Image（Script）组件的 Source Image 中，并调整大小，如图 6-66 所示。

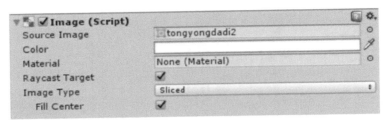

图 6-66　设置内边框

**步骤 5** 创建文本

（1）在 Hierarchy 面板的 Image 上单击鼠标右键，选择 UI→Text 命令，创建文本。

（2）在 Inspector 面板中将 Text 文本改为"欢迎来到海洋生物馆！"，将 Font Size 设置为 50。

**步骤 6** 修改脚本

修改脚本 DoorTrigger.cs，使得人物进入展馆的时候弹出一个欢迎界面，单击欢迎界面的黑色外框可以关掉窗口。

```
1.  public Animator ani;
2.  public GameObject WelComePanel;
3.  public Button mask;
4.  void Start ()
5.  {
6.      WelComePanel = GameObject.Find("WelComePanel");
7.      WelComePanel.SetActive(false);
8.      mask =functions.AdvancedFindChild (WelComePanel.transform,
"Mask").GetComponent<Button> ();
9.      mask.onClick.AddListener(delegate() { WelComePanel.
SetActive(false);});
```

```
10. }
11.
12. public void OnTriggerEnter (Collider other)
13. {
14.     ani.Play ("OpenDoor");
15.     WelComePanel.SetActive(true);
16. }
17. ……
```

【程序代码说明】

第 6～7 行：初始化 WelComePanel 对象，并将其隐藏。

第 8 行：初始化 mask 对象，functions.AdvancedFindChild 方法是在素材文件中提供的，也可以通过这种方法获取对象。

第 9 行：为 mask 对象注册单击事件，当用户单击欢迎界面任意位置时，将其窗口关闭。

第 15 行：显示欢迎界面。

### 6.8.4　播放音频

**步骤 1**　建立 Audio Source 组件

（1）在 Hierarchy 面板的空白处单击鼠标右键，选择 Audio→Audio Source 命令，创建对象，将其重命名为 WelcomeSound。

（2）将音频文件 Login.mp3 直接拖曳到 WelcomeSound 的 Audio Clip 中，如图 6-67 所示。

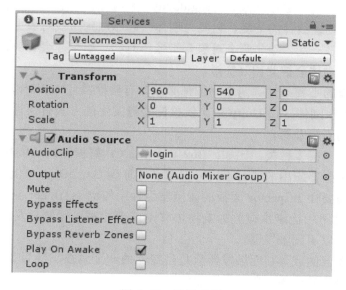

图 6-67　设置音频

**步骤 2** 修改脚本

修改 DoorTrigger.cs 脚本，使得弹出欢迎界面的时候同时播放背景音乐。

```
1.  public class DoorTrigger : MonoBehaviour
2.  {
3.      public AudioSource AS;
4.      void Start ()
5.      {    ……
6.          AS = GameObject.Find("WelcomeSound").GetComponent
<AudioSource>();
7.          AS.Stop();
8.      }
9.      public void OnTriggerEnter (Collider other)
10.     {    ……
11.         AS.Play();
12.     }
13. }
```

【程序代码说明】

第 3 行：声明 AudioSource 对象 AS。

第 6~7 行：初始化 AS 对象，并停止播放音乐。

第 11 行：开始播放音乐。

—— 知 识 总 结 ——

要产生碰撞必须为对象添加刚体（Rigidbody）和碰撞器，刚体可以让物体在物理影响下运动。碰撞体是物理组件的一类，它要与刚体一起添加到游戏对象上才能触发碰撞。如果两个刚体相互撞在一起，除非两个对象有碰撞体时物理引擎才会计算碰撞，在物理模拟中，没有碰撞体的刚体会彼此相互穿过。

物体发生碰撞的必要条件：两个物体都必须带有碰撞器（Collider），其中一个物体还必须带有 Rigidbody 刚体。在 Unity 中，能检测碰撞发生的方式有两种，一种是利用碰撞器，另一种则是利用触发器。

碰撞器：包含了很多种类，比如：Box Collider（盒碰撞体）、Mesh Collider（网格碰撞体）等，这些碰撞器应用的场合不同，但都必须加到 GameObjecet 身上。

触发器：只需要在 Inspector 面板的碰撞器组件中勾选 IsTrigger 复选框。如果既要检测到物体的接触又不想让碰撞检测影响物体移动或要检测一个物件是否经过空间中的某个区域，这时就可以用到触发器。

碰撞器是触发器的载体，而触发器只是碰撞器的一个属性，当 Is Trigger=false 时，碰撞器根据物理引擎引发碰撞，产生碰撞的效果，可以调用 OnCollisionEnter/Stay/Exit 函数；当 Is Trigger=true 时，碰撞器被物理引擎所忽略，没有碰撞效果，可以调用 OnTriggerEnter/

Stay/Exit 函数。

## 6.9  摄像机跟随

任务要求

当玩家 Me 进入展厅漫游的时候，摄像机需要跟随 Me 进行移动和旋转等操作。图 6-68 为摄像机跟随 Me 进入了展厅。

图 6-68  最终效果

通过完成任务：

● 了解 Unity 脚本生命周期中不同函数的区别。

● 掌握摄像机跟随的实现方法。

（资源文件路径：Unity 3D/2D 移动开发实战教程（全彩版）\第 6 章\实例 8）

步骤 1  创建程序

在 Project 面板中创建脚本文件 CameraFollow.cs，双击 CameraFollow.cs 文件并编写脚本。

```
1.  using System.Collections;
2.  using System.Collections.Generic;
3.  using UnityEngine;
4.  public class CameraFollow : MonoBehaviour
5.  {
6.      public Transform follow;
7.      public float distanceAway = 5.0f;
8.      public float distanceUp = 2.0f;
9.      public float smooth = 1.0f;
10.
11.     private Vector3 camPosition;
12.     void LateUpdate()
13.     {
```

```
14.          camPosition = follow.position + Vector3.up * distanceUp -
follow.forward * distanceAway;
15.          transform.position = Vector3.Lerp(transform.position,
camPosition, smooth * Time.deltaTime);
16.          transform.LookAt(follow);
17.      }
18. }
```

【程序代码说明】

第 6 行：定义跟随的目标对象 follow。

第 7 行：变量 distanceAway 为相机在目标对象后方的距离。

第 8 行：变量 distanceUp 为相机在目标对象上方的高度。

第 9 行：变量 smooth 为插值系数（平滑程度）。

第 11 行：camPosition 为摄像机的目标位置。

第 15 行：设置摄像机的当前位置。

第 16 行：保持摄像机始终在看向目标。摄像机的操作有两种：一是移动，即跟随 follow 对象移动；二是注视，在跟随过程中需要注视跟随对象。

步骤 2 添加脚本组件

（1）将创建的 CameraFollow.cs 脚本拖曳到 Hiererchy 面板中 Main Camera 对象上。

（2）选中 Main Camera 对象，将 Hiererchy 面板中的 Me 拖曳到右侧 Inspector 面板 Camera Follow（Script）组件的 Follow 栏中，使摄像机跟随玩家 Me，如图 6-69 所示。

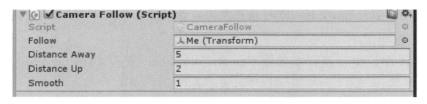

图 6-69　添加脚本组件

（3）运行软件预览，可以看到摄像机跟随对象移动的效果。

知 识 总 结

知识点一：Update()、FixedUpdate()和 LateUpdate()的区别

当 MonoBehaviour 启用时，它们在每一帧被调用，调用顺序如图 6-70 所示。

（1）Update()每一帧的时间不固定，即第一帧与第二帧的时间 t1 和第三帧与第四帧的时间 t2 不一定相同。

（2）FixedUpdate()每帧与每帧之间相差的时间是固定的。

（3）LateUpdate()是在所有 Update()函数调用后被调用，可用于调整脚本执行顺序。例如：当物体在 Update()里移动时，跟随物体的相机可以在 LateUpdate()里实现。Unity 后台主线程将 Update()、LateUpdate()制作成两个多线程，先去执行 Update()的线程，等 Update()执行完毕后再去执行 LateUpdate()线程。

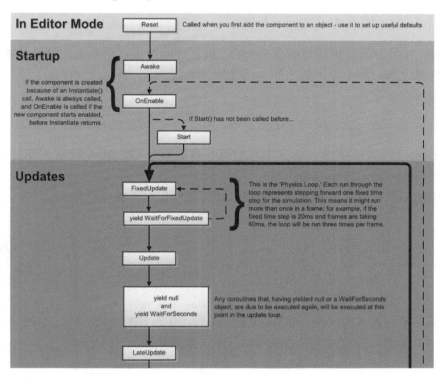

图 6-70　调用顺序示意图

 知识点二：Vector3

Vector3：就是三维向量，一个三维向量会有三个分量，分别是 X、Y 和 Z。

Vector3.up：表示世界坐标系中 Y 轴正方向上的单位向量（$X=0,Y=1,Z=0$）。

Vector3.down：表示世界坐标系中 Y 轴负方向上的单位向量（$X=0,Y=-1,Z=0$）。

Vector3.left：表示世界坐标系中 X 轴负方向上的单位向量（$X=-1,Y=0,Z=0$）。

Vector3.right：表示世界坐标系中 X 轴正方向上的单位向量（$X=1,Y=0,Z=0$）。

Vector3.forward：表示世界坐标系中 Z 轴正方向上的单位向量（$X=0,Y=0,Z=1$）。

Vector3.back：表示世界坐标系中 Z 轴负方向上的单位向量（$X=0,Y=0,Z=-1$）。

知识点三：LookAt()

其定义在 UnityEngine.Transform 类中，该函数的两种形式如下。

```
transform.LookAt(new Vector3(1,1,1));
```

使对象看向该坐标点[游戏对象的 z 轴指向（1，1，1）点]。

```
transform.LookAt(gameobject.transform);
```

使对象看向 gameobject。

知识点四：插值函数

在 Unity 中经常用线性插值函数 Lerp()在两者之间插值，两者之间可以是两个材质之间、两个向量之间、两个浮点数之间、两个颜色之间。

其函数原型如下：

```
static function Lerp (from : Vector3, to : Vector3, t : float) : Vector3
```

其中 from 是起始的位置，to 是目标位置，按照数字 t 在 from 到 to 之间插值。

对象的位置=from+（from-to）*t。

本例中的插值可以让跟随动作更加圆滑，为其添加一个缓冲的效果。

# 6.10 NPC 寻路

任务要求

本次任务要创建 NPC（Non-Player Character），并为 NPC 创建路点，NPC 从一个路点移动到另一个路点，沿着闭合的路线自动行走，效果如图 6-71 所示。

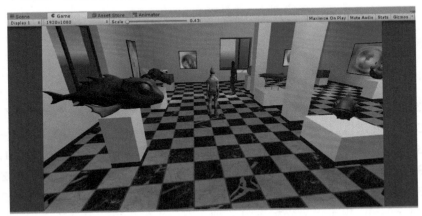

图 6-71 最终效果

通过完成任务：
- 掌握创建路点的方法。
- 掌握自动寻路的方法。

（资源文件路径：Unity 3D/2D 移动开发实战教程（全彩版）\第 6 章\实例 9）

## 6.10.1　创建路点

**步骤 1**　创建 AiNpc

（1）双击打开素材文件夹中的 AiNpc.unitypackage 文件，将包含的内容全部导入项目中。这是一个 NPC，已经被设置好位置，放置在展厅一角。

（2）运行软件进行预览，可以看到 NPC 朝正对的方向直直地往前走。

**步骤 2**　创建 wayPoints

下面添加路点，并让 NPC 沿着路点移动。在 Hiererchy 面板中的空白处单击鼠标右键，选择 Create Empty 命令，创建一个空对象，并将其重命名为 wayPoints。

**步骤 3**　创建子对象

（1）在 Hiererchy 面板的 wayPoints 对象上单击鼠标右键，选择 Create Empty 命令，为其创建子对象，并将其重命名为 Point1。在 Inspector 面板中修改 Transform 中 Position 的值。

（2）将 Point1 进行复制 5 份，如图 6-72 所示。并在 Inspector 面板中修改每个路点的位置。

（3）为了让这些路点在场景中能显示出来，在 Hiererchy 面板中选中路点后，在 Inspector 面板中可以单击名称前面的色块，如图 6-73 所示。

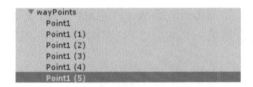

图 6-72　创建路点

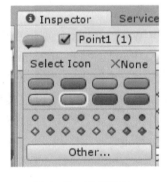

图 6-73　选择色块

（4）在弹出的下拉菜单中可以选择一种颜色，设置的路线效果如图 6-74 所示。

**步骤 4**　创建程序

（1）创建脚本文件并命名为 WayPoint.cs，双击 WayPoint.cs 打开文件并进行编写。

```
1.  using UnityEngine;
2.  using System.Collections;
3.  public class WayPoint : MonoBehaviour {
4.      public WayPoint nextWayPoint;
5.      void OnDrawGizmosSelected()
6.      {
```

```
7.          if (nextWayPoint == null) return;
8.          Gizmos.color = Color.green;
9.          Gizmos.DrawLine(transform.position,nextWayPoint.
transform.position);
10.     }
11. }
```

【程序代码说明】

第 4 行：声明 WayPoint 对象。

第 7～9 行：如果下一个路点不为空，则从当前路点到下一个路点绘制一条绿色的线。

图 6-74　路线效果

（2）将 WayPoint.cs 分别拖曳到 Hiererchy 面板中的 Point1、Point1（1）、Point1（2）、Point1（3）、Point1（4）和 Point1（5）上，为各个路点添加脚本组件。

（3）选中一个路点，设置该路点的下一个路点，如选中 Point1，设置它的下一个路点是 Point1（1），同样的方法设置其他路点，如图 6-75 所示。注意最终的路线是一个闭合的路线，也就是最后一个路点的下一个路点是第一个路点，这样 NPC 就可以沿着路线在展馆中自由行走。

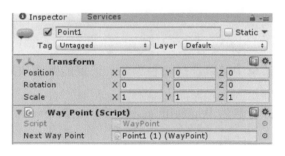

图 6-75　设置 Point1 的下一个路点

（4）选中 Hiererchy 面板中的 wayPoints 对象，在 Scene 面板中就可以看到一条绿色的封闭曲线，NPC 就是沿着这条线进行寻路。

## 6.10.2　自动寻路

**步骤 1** 创建脚本

创建脚本文件，并命名为 TestAI.cs，双击 TestAI.cs 打开文件并进行编写。

```
1.   using UnityEngine;
2.   using System.Collections;
3.   public class TestAI : MonoBehaviour
4.     {
5.       public float thinkTime;
6.       public float moveSpeed;
7.       public WayPoint currentPoint;
8.       private Animator Ani;
9.       void Start()
10.      {
11.       Ani = transform.GetComponent<Animator>();
12.       /*WayPoint[] points = FindObjectsOfType<WayPoint>();
13.       for (int index = 0; index < points.Length; index++)
14.       {
15.         if (index == points.Length - 1)
16.           points[index].nextWayPoint = points[0];
17.         else
18.           points[index].nextWayPoint = points[index + 1];
19.       }
20.       currentPoint = points[0];*/
21.       StartAI();
22.      }
23.     public void StartAI()
24.      {
25.       StartCoroutine(MoveLogic());
26.      }
27.     IEnumerator MoveLogic()
28.      {
29.       while (true)
30.       {
31.         if (checkDis(transform.position, currentPoint.transform.
position) < 0.5f)
32.         {
33.           currentPoint = currentPoint.nextWayPoint;
34.           yield return StartCoroutine(ThinkLogic());
35.         }
```

```
36.              Ani.Play("walk");
37.              Vector3 lookDir = currentPoint.transform.position -
transform. position;
38.              lookDir.y = 0;
39.              transform.rotation = Quaternion.LookRotation(lookDir);
40.              transform.Translate(moveSpeed * Time.deltaTime * Vector3.
forward, Space.Self);
41.              yield return new WaitForEndOfFrame();
42.          }
43.      }
44.      IEnumerator ThinkLogic()
45.      {
46.        Ani.Play("Idle");
47.        float currentTime = 0f;
48.        while (true)
49.        {
50.          if (currentTime >= thinkTime)
51.          {
52.            yield break;
53.          }
54.          currentTime += Time.deltaTime;
55.          yield return new WaitForEndOfFrame();
56.        }
57.      }
58.      public float checkDis(Vector3 from, Vector3 to)
59.      {
60.        Vector3 dis = from - to;
61.        dis.y = 0;
62.        return dis.magnitude;
63.      }
64. }
```

【程序代码说明】

第5～7行：定义思考时间、移动速度和目标路点。

第12～20行：自动获取所有的路点，存放在 points 数组中，并且将 points[0]设置为目标路点，前面已经手工设置过所有路点，可以将该段代码注释掉。

第25行：启动协程。

第27～43行：控制 NPC 的移动，判断当前位置和目标位置的距离是不是小于0.5，如果小于0.5，更新目标位置为下一个路点；否则朝向目标位置，并且移动到目标位置。transform.Translate(Vector3.forward*Time.deltaTime*速度,Space.Self)物体会朝着自己的 Z 轴方向移动。如果第二个参数改成 Space.World，物体会沿着世界坐标轴的 Z 轴移动。

第44～57行：控制 NPC 处于 Idle 状态，并且大于思考时间后退出该状态。

第 58～63 行：计算两点之间的距离，即用 Vector3.magnitude 返回向量的长度。

**步骤②** 设置参数

将该脚本添加到 AiNpc 上，在 Inspect 面板中设置 NPC 的思考时间和运行速度，并且将第一个路点拖曳到 Current Point 栏中，如图 6-76 所示。

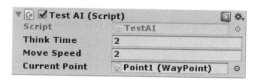

图 6-76 设置 AiNpc

**步骤③** 运行预览

现在运行软件进行预览，就可以看到 NPC 沿着封闭曲线自动寻路。

知 识 总 结

知识点一：Gizmos 类

可视化辅助类 Gizmos 用于在场景中给出一个可视化的调试或辅助设置。所有的 Gizmos 绘制都必须在脚本的 OnDrawGizmos()或 OnDrawGizmosSelected()函数中完成。

OnDrawGizmos()在每一帧都被调用。

OnDrawGizmosSelected()仅在脚本所附加的物体被选中时调用。

知识点二：协程

协程不是线程：Unity 协程有点像线程，但却不是线程，因为协程仍然是在主线程中执行，且在使用时不用考虑同步与锁的问题。

协程不同于函数：一个函数只有一个返回点，函数的调用者调用一次后，函数的生命周期就结束了。

协程的用处：协程的真正用途是分步做一个比较耗时的事情，比如游戏里面的加载资源。

Unity 在每一帧（Frame）都会去处理对象上的协程。Unity 主要是在 Update 后去处理协程（检查协程的条件是否满足），协程跟 Update()其实一样的，都是 Unity 每帧都会去处理的函数。

（1）启动协程

形式一

```
StartCoroutine(CustomCorutineFn());
StartCoroutine(CustomCorutineFn(7));        //向方法中传递参数
```

形式二

```
StartCoroutine("CustomCorutineFn");
StartCoroutine("CustomCorutineFn",7);        //向方法中传递参数
```

其中 CustomCorutineFn 必须是一个函数式迭代器，这个函数可以有参数，但是参数不能是 ref 和 out 类型的，即函数形式如：public IEnumerator CustomCorutineFn (){}。

（2）结束协程

```
StopCoroutine("CustomCorutineFn")
StopAllCoroutines()停止当前脚本下的所有协程
```

（3）协程中有多种等待方式（协程的返回类型）

```
yield return WaitForSeconds
yield return WaitForFixedUpdate
yield return WaitForEndOfFrame
yield return new WaitForEndOfFrame()：会被安排到 GUI 渲染之后
yield return  Coroutine
yield return StartCoroutine(MyRun2)：会挂起父协程，等待子协程执行完毕才会恢
```
复父协程的执行。

知识点三：Find 对象

static GameObject Find (string name) 传入的 name 可以是单个对象的名字，也可以是层次面板中的一个路径名，如果找到会返回该对象(活动的)，如果找不到就返回 null。

static GameObject FindWithTag (string tag) 返回一个用 tag 做标识的活动的对象，如果没有找到则为 null。

static GameObject[] FindGameObjectsWithTag (string tag)返回一个用 tag 做标识的活动的游戏物体的列表，如果没有找到则为 null。

static Object FindObjectOfType(Type type)返回类型为 type 的活动的第一个游戏对象。

static Object FindObjectsOfType(Type type)返回类型为 type 的所有的活动的游戏对象列表。

## 6.11　人物和 NPC 的交互

任务要求

NPC 有两种行为逻辑：一是自由在展馆中寻路行走；二是遇到人物的时候会停下来打招呼，显示"你好！"。需要同时不停检测人物的状态，在人物附近的话会停止行走，面向人物。当人物出了一定范围，NPC 又开始沿着路点进行寻路。本任务完成 NPC 和 Me 相

遇时，NPC 和 Me 打招呼，打招呼的 UI 就是将一个 Canvas 放置在 NPC 头顶，显示文本内容，效果如图 6-77 所示。

图 6-77　最终效果

通过完成任务：

● 学会 NPC 的事件触发。

● 掌握 NPC 在触发事件时一直面对玩家 Me 的方法。

（资源文件路径：Unity 3D/2D 移动开发实战教程（全彩版）\第 6 章\实例 10）

**步骤 1** 为 NPC 创建 UI

（1）在 Hierarchy 面板的 NPC 上单击鼠标右键，选择 UI→Canvas 命令，创建子对象 Canvas，注意这里是为 NPC 创建子对象。

（2）在 Inspector 面板中，将 NPC 的子对象 Canvas 的渲染模式设置为 World Space，Dynamic Pixels Per Unit 设置为 100 以提高分辨率。

（3）调整 NPC 子对象 Canvas 的大小和位置，并且旋转 180 度，如图 6-78 所示。

**步骤 2** 创建 Text

（1）在 Canvas 子对象上单击鼠标右键，选择 UI→Text 命令创建文本子对象。

（2）将文本对象的内容设置为"你好！"，字体大小设置为 1。适当调整文本对象的大小和位置，如图 6-79 所示。最终在 NPC 的头顶创建了一个 UI。

**步骤 3** 修改 TestAI.cs 脚本

（1）添加成员变量 HiText。

```
1.  private GameObject HiText;
```

（2）在 Start() 函数中初始化 HiText，获取文本对象

```
1.  HiText = functions.AdvancedFindChild(transform, "Text").
gameObject;
```

（3）在 StartAI() 中添加下方语句。

```
1.  HiText.SetActive(false);
```

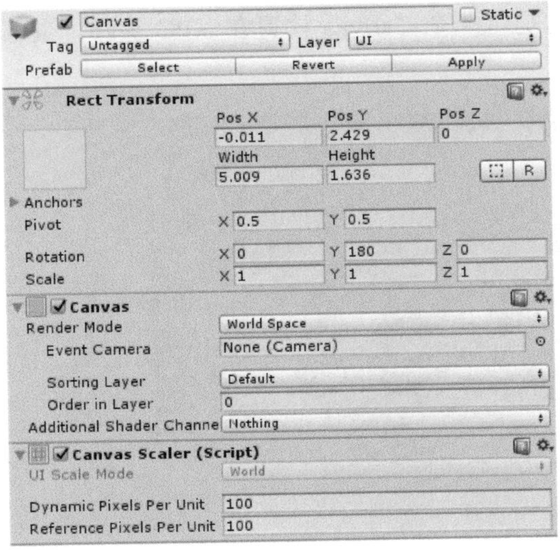

图 6-78　设置 NPC 的 UI

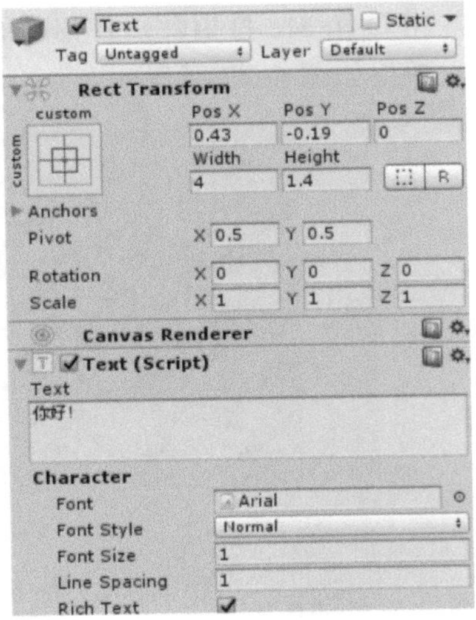

图 6-79　设置文本

（4）添加 stopCoroutine()函数及语句。

```
1.   void stopCoroutine()
2.   {
3.       HiText.SetActive(true);
4.       StopAllCoroutines();
5.       Ani.Play("Idle");
6.   }
```

【程序代码说明】

第 3 行：显示文本。

第 4 行：停止所有进程。

第 5 行：播放动画 Idle。

**步骤 4**　编写脚本 AiScript.cs

在 Project 面板中创建脚本文件 AiScript.cs，双击 AiScript.cs 文件并编写脚本。

```
1.   using System.Collections;
2.   using System.Collections.Generic;
3.   using UnityEngine;
4.
5.   public class AiScript : MonoBehaviour
6.   {
7.       private TestAI Tai;
8.       private GameObject lookgo = null;
9.       public float checkTime = 2;
10.
```

```
11.     void Start ()
12.     {
13.         Tai = transform.GetComponent<TestAI> ();
14.     }
15.
16.     void Update ()
17.     {
18.         Collider[] col = Physics.OverlapSphere (this.transform.
position, 3.0f);
19.         for (int i = 1; i < col.Length; i++) {
20.             Collider c = col [i];
21.             GameObject go = c.gameObject;
22.             Vector3 lookPos = new Vector3 (go.transform.position.x,
this.transform.position.y, go.transform.position.z);
23.             if (c.name.Equals ("Me")) {
24.                 transform.LookAt (lookPos);
25.                 lookgo = go;
26.                 Tai.SendMessage ("stopCoroutine");
27.                 StartCoroutine (checkMe ());
28.             }
29.         }
30.     }
31.
32.     IEnumerator checkMe ()
33.     {
34.         float curTime = 0;
35.         while (true) {
36.             if (curTime >= checkTime) {
37.                 if (lookgo != null) {
38.                     if (Tai.checkDis (transform.position, lookgo.
transform.position) > 3) {
39.                         lookgo = null;
40.                         Tai.SendMessage ("StartAI");
41.                         StopCoroutine ("checkMe");
42.                     }
43.                 }
44.             }
45.             curTime += Time.deltaTime;
46.             yield return new WaitForEndOfFrame ();
47.         }
48.     }
49. }
```

第 13 行：获取对象的脚本组件 TestAI。

第 16～30 行：创建球形射线检测，判断有没有触碰到碰撞体，如果碰到 Me，看向 Me，调用 stopCoroutine() 函数停止寻路，并且判断 Me 和 NPC 之间的距离。

第 32～48 行：判断 Me 和 NPC 之间的距离，如果大于 3 就重新开始寻路。

如果要在场景中将球形范围显示出来，可以在 AiScript.cs 中添加下列方法，这样在 Hiererchy 面板选中 NPC 时，在场景中就可以看到一个红色球形区域，如图 6-80 所示。

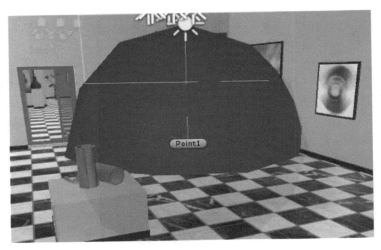

图 6-80　球形范围

```
1.    private void OnDrawGizmos()
2.    {
3.        Gizmos.color = Color.red;
4.        Gizmos.DrawSphere(transform.position, 3.0f);
5.    }
```

【程序代码说明】

第 4 行：显示球形范围，半径 3.0f。

—— 知 识 总 结 ——

　知识点一：球形射线检测

```
Physics.OverlapSphere(Vector3 position, float radius)
```

其中 position 表示 3D 相交球的球心；radius 表示 3D 相交球的球半径。

返回值的类型：Collider[]。

知识点二：SendMessage 函数

gameObject.SendMessage("A");即可通知当前物体下某组件的 A 方法

### 试一试

请模仿 3D 神秘海洋软件的制作过程，综合运用所学知识，完成一款 "拯救小动物" 3D 小软件，在该软件中要求如下。

（1）请自行设计地形，在地形上设置好山峰、山谷，种植树木、小草，可以添加瀑布、湖泊、木屋等元素，使得场景丰富而真实。

（2）场景中至少有一只猛兽，猛兽在一定范围内自由活动，即自动寻路。

（3）场景中至少有一只小动物，如兔子，兔子和猛兽在不同的区域放置。

（4）以第三人称视角，在整个场景中寻找小兔子，并且拯救小兔子。

（5）要求摄像机能跟随漫游场景。

（6）软件逻辑：找到兔子，单击兔子，弹出 Victory 的提示窗口，单击该窗口可以结束软件运行；如果以第三人称和猛兽离得足够近，会弹出 Over 窗口，单击该窗口结束软件运行。

（7）请在场景中添加背景音乐，在适当的地方添加音效。要求音乐和音效要符合软件主题。

（8）请自行设计软件的起始界面和加载界面，要求界面元素要符合软件主题。

# 第四部分　AR软件开发综合实例篇

本部分分为两章，主要对 AR 软件的开发知识进行详细介绍。

首先是 AR 基础应用实例。包括 AR 开发环境的搭建；基础项目的创建与发布；AR 项目的创建与发布。通过第一部分内容的介绍，使用户对 AR 有一个初步的认识。

其次是动物乐园 AR 软件的开发，是对 AR 技术的一个综合应用。用户通过识别多张图片的 AR 项目的学习，可以熟练地对 AR 对象进行常规设置以及发布 AR 项目的常规设置；通过创建固定 GUI，掌握在 AR 项目中创建 GUI 的基础方法；通过创建动态交互 GUI，掌握动态数组的使用方法、添加射线判定机制的方法以及射线判定与交互功能相关联的实现方法。

# 第7章 AR 基础应用实例

AR（Augmented Reality）增强现实技术，是一种将真实世界信息和虚拟世界信息无缝集成的新技术，是把原本在现实世界的一定时间和空间范围内很难体验到的实体信息（视觉信息、声音、味道、触觉等），通过电脑等科学技术，模拟仿真后再叠加，将虚拟的信息应用到真实世界，被人类感官所感知，从而达到超越现实的感官体验。真实的环境和虚拟的物体实时地叠加到了同一个画面或空间。

增强现实技术具有以下特点。

（1）真实世界和虚拟信息的集成。

（2）具有实时交互性。

（3）是在三维尺度空间中增添定位虚拟物体。

## 7.1 AR 开发环境搭建

任务要求

要进行 AR 项目的开发，首先需要为项目搭建开发环境，根据不同的发布平台需要配置不同的环境，这里介绍 Android 项目所需要的开发环境。

本任务将完成对 AR 开发环境的搭建，主要包括 JDK 的下载、安装及配置；Android SDK 的下载及配置；Unity 中切换平台和环境设置。通过该任务掌握 AR 开发环境的搭建。

### 7.1.1 JDK 的下载、安装及配置

**步骤 1** 下载 JDK

官网（https://www.oracle.com/technetwork/Java/javase/downloads/index.html）提供了各种版本的 JDK 供下载，需要根据电脑系统自行选择版本。下载前请选中 Accept License Agreement 单选按钮，然后单击对应的版本即可下载，如图 7-1 所示。

**步骤 2** 安装 JDK

下载好安装包以后，双击打开，按照步骤进行安装。

**步骤 3** 配置

（1）在计算机中打开"系统属性"对话框，如图 7-2 所示。单击其中的"环境变量"按钮会打开"环境变量"对话框。

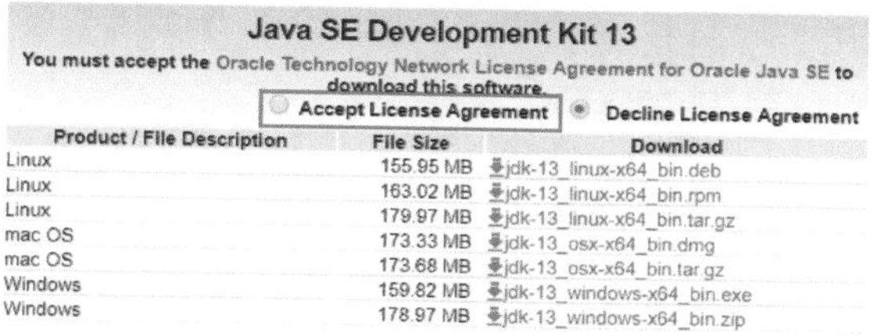

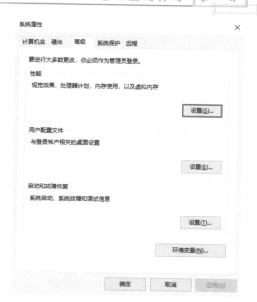

图 7-1　选择版本

图 7-2　"系统属性"对话框

（2）在"环境变量"对话框中新建系统变量。在弹出的"新建系统变量"对话框中，新建 JAVA_HOME 系统变量，设置变量值（注意选择 JDK 的安装路径），如图 7-3 所示。

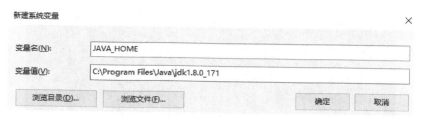

图 7-3　新建 JAVA_HOME 系统变量

（3）新建 CLASSPATH 系统变量，设置变量值，如图 7-4 所示。变量值为 "%JAVA_HOME%lib;%JAVA_HOME%lib\tools.jar;"（注意要加分号，不包括引号）。

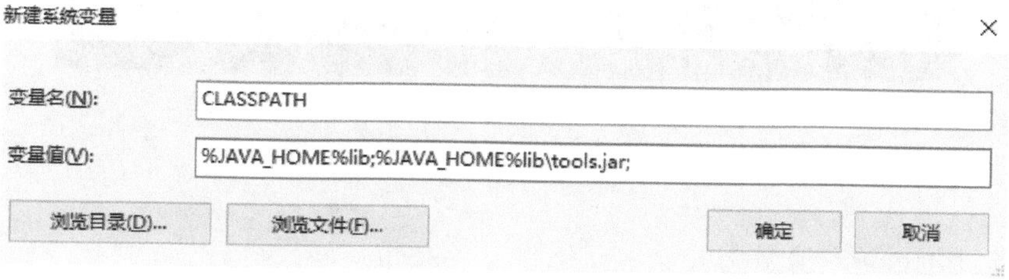

图 7-4　新建 CLASSPATH 系统变量

（4）找到系统变量中的 Path，编辑 Path 变量，在末尾追加 "C:\Program Files\Java\jdk1.8.0_171\bin" 和 "C:\Program Files\Java\jre1.8.0_171\bin"，如图 7-5 所示。

图 7-5　编辑 Path 变量

（5）打开命令行窗口，输入 javac 命令，出现图 7-6 所示结果，说明 JDK 配置成功。

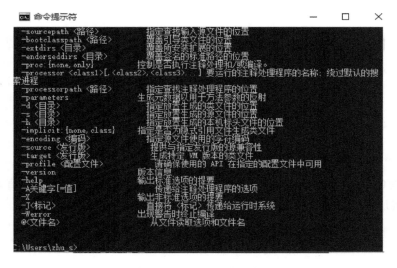

图 7-6　JDK 配置成功

## 7.1.2　SDK 的下载与配置

**步骤 1**　下载 SDK Tool

从 http://tools.android-studio.org/index.php/sdk/ 页面中选择合适的 SDK Tool 版本进行下载，对于 Windows 操作系统，可以选择下载 exe 格式文件，如图 7-7 所示。

图 7-7　下载 SDK Tool

**步骤 2**　安装 SDK Tool

SDK Tool 下载完成后，双击下载的文件可以直接进行安装，安装界面如图 7-8 所示。

图 7-8　安装 SDK Tool

**步骤 3**　安装 SDK

（1）SDK Tool 安装完成后，打开 Android SDK Manager 管理窗口，如图 7-9 所示。

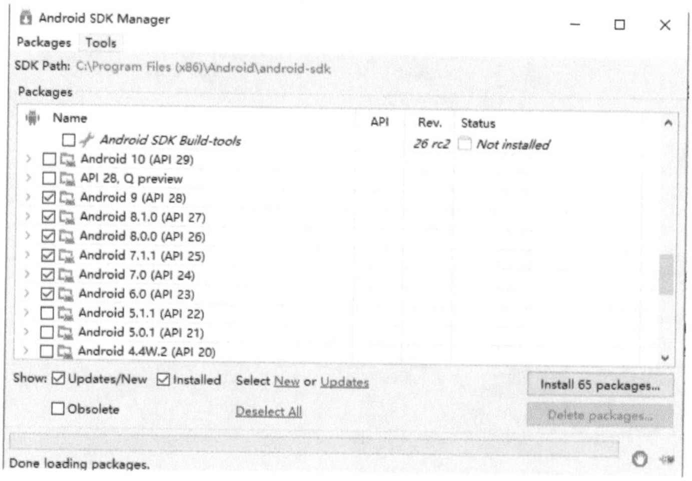

图 7-9　Android SDK Manager 管理窗口

（2）在 Android SDK Manager 管理窗口中可以选择适当的 SDK 版本，单击 Install 65 packages 按钮，在弹出的 Choose Packages to Install 窗口中勾选 Accept License 单选框，最后单击 Install 按钮开始安装，如图 7-10 所示。

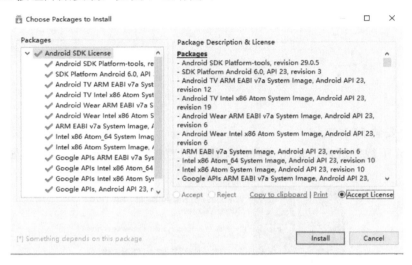

图 7-10　安装 SDK

需要注意所用的 Unity 版本能够支持哪几种 SDK 版本，如果选择的 Android SDK 版本不在所用 Unity 软件支持的版本范围内，那么即使在此处下载了也无法使用。关于 Unity 软件支持的 SDK 版本，在本章后续内容会进行相应介绍。

## 7.1.3　Unity 中的设置

（1）单击 Unity 菜单栏中的 Edit 菜单按钮，在下拉菜单中选择 Preferences 命令，如图 7-11 所示。打开 Unity Preferences 窗口可以对项目进行配置。

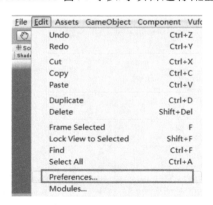

图 7-11　选择 Preferences 命令

（2）在 Unity Preferences 窗口中选择 External Tools 选项，进行 SDK 和 JDK 的路径设

置，如图 7-12 所示。

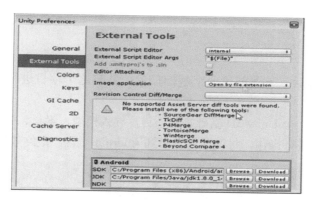

图 7-12　Unity Preferences 窗口

（3）下面为 Unity 项目选择发布平台，单击选择菜单栏中的 File 菜单按钮，在下拉菜单中选择 Build Settings 命令，打开 Build Settings 窗口。在该窗口的 Platform 中选择 Android 发布平台，单击 Open Download Page 按钮，下载 Unity Android Support 并安装，如图 7-13 所示。安装完成后单击左下角 Switch Platform 按钮就可以切换平台，如图 7-14 所示。

图 7-13　下载 Unity Android Support 并安装

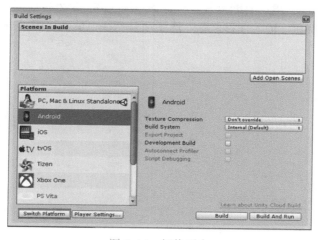

图 7-14　切换平台

## 7.2　基础项目的创建与发布

搭建好开发环境后，下面创建一个基础项目，并将这个项目进行发布和测试。

任务要求

本任务创建的是一个 Unity 3D 基础实例项目，导入模型、素材、音频资源。新建场景拖入犀牛模型，对模型进行操作，将该项目发布到 Android 平台。最终效果如图 7-15 所示。

图 7-15　最终效果

通过完成任务：

● 为后面的 AR 项目做好准备。

● 了解 Unity 项目的发布过程。

（资源文件路径：Unity 3D/2D 移动开发实战教程（全彩版）\第 7 章\实例 1）

步骤 1　创建 Unity 3D 项目工程

打开 Unity 软件，登录已有的账号，单击窗口右上角 New 按钮创建新项目，如图 7-16 所示。选中 3D 单选按钮，输入项目名称，选择项目路径，单击 Create Project 按钮进行创建。

图 7-16　创建新项目

项目名称要让人一目了然，比如要做 3D 的 AR 项目，那么用 3DAR_PROJECT 来命名。当项目结束的时候，需要提交整个工程，则可以在项目名称后添加提交的日期。

**步骤 2** 创建文件夹

在 Project 面板中单击鼠标右键，选择 Create 命令，创建四个文件夹，分别命名为_3DAR、Editor、Resources 和 StreamingAssets。接着，为_3DAR 文件夹创建子文件夹，如图 7-17 所示。

**步骤 3** 导入模型、素材和音频资源

将素材文件夹中的模型资源包 animate.package 导入到项目的 fbx 文件夹中；将素材文件夹中的图片文件拖曳至项目的 texture 文件夹中；将音频文件拖曳至 audio 文件夹中。可以看到模型、图片、音频文件导入后的效果如图 7-18～图 7-20 所示。

图 7-17　创建文件夹

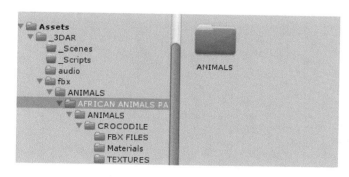

图 7-18　模型资源

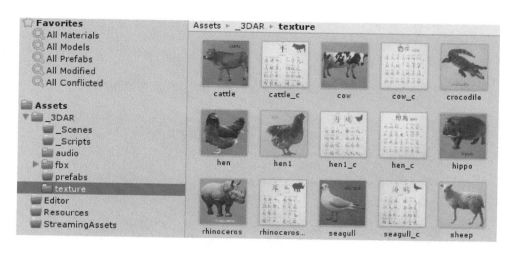

图 7-19　图片资源

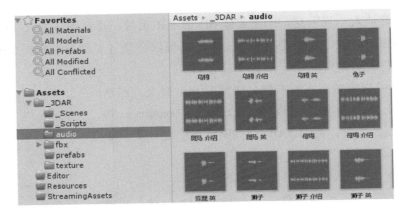

图 7-20　音频资源

**步骤 4** 场景编辑

（1）在 Project 面板下的 fbx 文件夹中找到犀牛模型，如图 7-21 所示。将犀牛模型拖曳至 Scene 面板中，如图 7-22 所示。

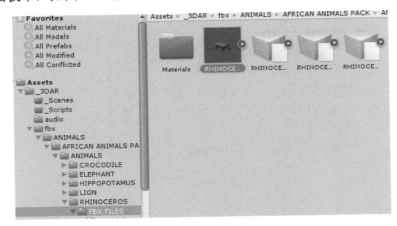

图 7-21　犀牛模型

图 7-22　犀牛在场景中

（2）通过拉伸或缩短 Scene 面板中心的三维坐标轴，可以实现犀牛的放大、缩小以及方向的改变。

（3）选中 Hierarchy 面板中的犀牛对象，在 Inspector 面板中可以看到 Animation 组件，该对象共有 10 种动画。单击 Animations 中的一个动画，如单击 Element8 中的 walk 动画，Assets 面板会对这个动画文件黄色高亮显示。将 Assets 面板中的动画文件拖曳到 Animation 栏中，为其赋值，如图 7-23 所示。

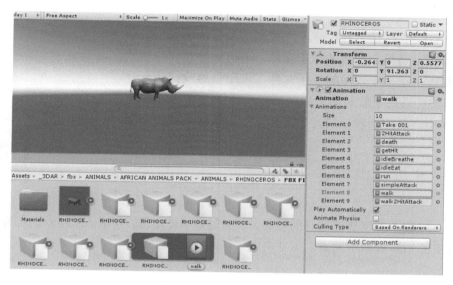

图 7-23　Animation 设置

（4）运行软件进行预览，会在 Game 面板看到犀牛行走的动画效果。

**步骤 5** 项目发布

（1）单击菜单栏中的 File 菜单按钮，在下拉菜单中选择 Build Settings 命令并对项目进行设置。在 Platform 中选择 Android 平台，单击左下角 Switch Platform 按钮切换平台。

（2）单击 Build Settings 窗口的 Build 按钮，可以把这个犀牛小例子发布为 apk 文件，安装到 Android 手机上进行运行测试。

知 识 总 结

知识点一：文件夹介绍

（1）Editor 文件夹：这个文件夹中的所有资源文件或者脚本文件不会被打包发布，并且脚本也只能在编辑时使用。一般会把一些工具类的脚本放在这里，或者是一些编辑时用的 DLL。

（2）Plugins 文件夹：插件文件夹，放置移动端依赖的 SDK，本章要用到 AR 高通插件保存在这个文件夹。

（3）Resources 文件夹：这个文件夹下的资源不管用不用都会被打包发布。

（4）StreamingAssets 文件夹：这个文件夹下的资源也会被打包发布。它和 Resources 的区别是，Resources 会压缩文件，但是 StreamingAssets 不会压缩。StreamingAssets 是一个只读的文件夹，程序运行时只能读不能写。它在各个平台下的路径是不同的，可以用 Application.streamingAssetsPath 根据当前的平台选择对应的路径。

**知识点二：Unity 音频资源**

Unity 音频资源有如下几种。

- .AIFF：适用于较短的音乐文件，可用做游戏打斗音效。
- .WAV：适用于较短的音乐文件，可用做游戏打斗音效。
- .MP3：适用于较长的音乐文件，可用做游戏背景音乐。
- .OGG：适用于较长的音乐文件，可用做游戏背景音乐。

# 7.3 AR 项目的创建与发布

通过上述操作了解基础项目的发布，下面创建 AR 项目，介绍 AR 项目的创建与发布，请注意其中的相同点和不同点。

**任务要求**

本次任务将使用 Vuforia 插件创建一个简单的 AR 项目，该项目可以识别一张图片，并且进行虚实结合，效果如图 7-24 所示。需要在 Vuforia 官网注册账号，获取 License Key，上传和下载需要识别的图片。

图 7-24　最终效果

通过完成任务：

- 掌握 Vuforia 插件的使用方法。
- 掌握 AR 项目的制作方法。
- 掌握 AR 项目的设置与发布。

（资源文件路径：Unity 3D/2D 移动开发实战教程（全彩版）\第 7 章\实例 2）

### 7.3.1　注册 Vuforia 账号

（1）进入到 Vuforia 官方网站（https://developer.Vuforia.com），单击右上角 Register 按钮，如图 7-25 所示。会进入注册页面。

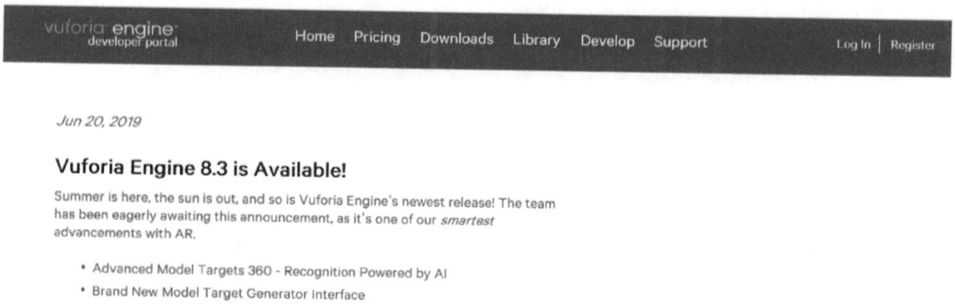

图 7-25　Vuforia 官网

（2）在注册界面输入必要信息，注意密码要数字，大小写字母都存在，勾选下面的是否同意选项，单击 Create account 按钮即可完成注册操作，如图 7-26 所示。

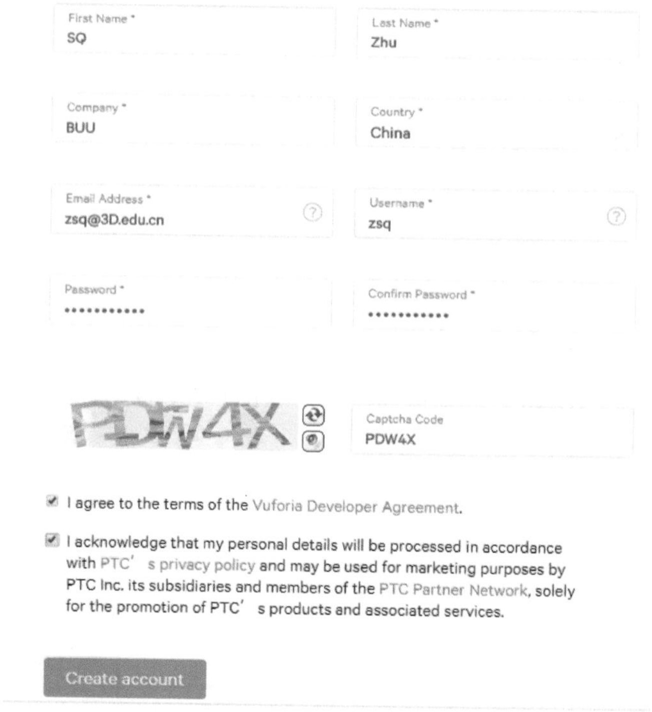

图 7-26　注册界面

（3）注册操作完成后，还需要进入注册邮箱，单击邮箱中的验证链接才可以完成注册。

### 7.3.2　获取 License Key

（1）注册成功后，找到 Develop 导航栏，进入 License Manager 页面，单击 Get Development Key 按钮，如图 7-27 所示。

图 7-27　创建 License Key

（2）在打开的新页面中输入 3DAR，并勾选同意协议复选框，单击 Confirm 按钮，可获取一个新的 License Key，如图 7-28 所示。

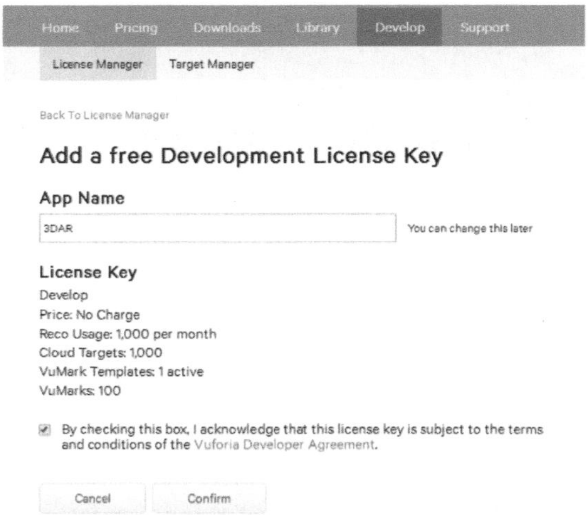

图 7-28　获取 License Key

（3）选择刚创建的 3DAR，复制页面中的 License Key 备用，如图 7-29 所示。发布程序时需要用到 License Key。

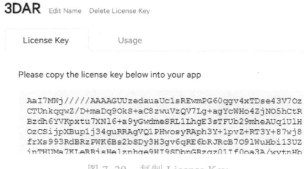

图 7-29　复制 License Key

### 7.3.3 上传和下载图片

（1）进入 Target Manager 页面，单击 Add Database 按钮，会打开 Create Database 窗口，如图 7-30 所示。

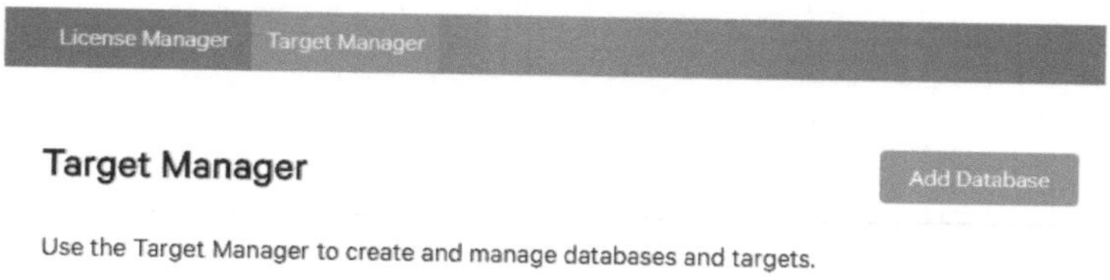

License Manager　Target Manager

**Target Manager**　　　　　　　　　　　　　　　　　Add Database

Use the Target Manager to create and manage databases and targets.

图 7-30　Target Manager 页面

（2）在 Create Database 窗口的文本框中输入 3DAR，选择 Device 单选按钮，单击 Create 按钮创建 Database，如图 7-31 所示。

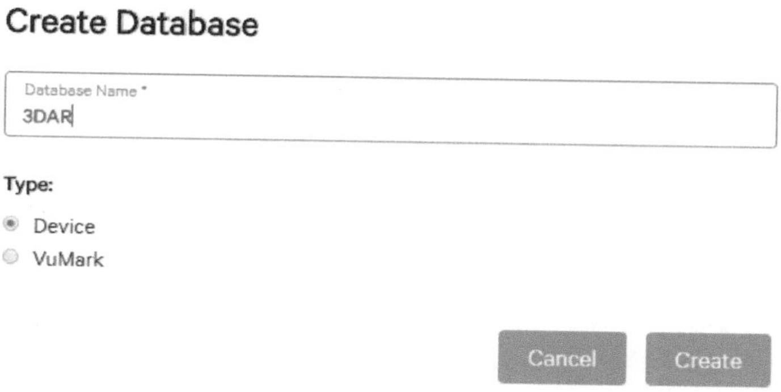

**Create Database**

Database Name *
3DAR

**Type:**
● Device
○ VuMark

Cancel　Create

图 7-31　创建 Database

（3）选择创建的 3DAR 数据库，单击 Add Target 按钮上传需要识别的图片，如图 7-32 所示。

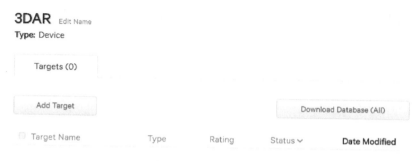

**3DAR** Edit Name
**Type:** Device

Targets (0)

Add Target　　　　　　　　　　　Download Database (All)

☐ Target Name　　Type　　Rating　　Status ⌄　　**Date Modified**

图 7-32　3DAR 页面

（4）找到素材文件中的狮子图片 lion.jpg，设置 width 为 1024（注意：要求图片的宽度为 2 的整数次幂），单击 Add 按钮上传图片，如图 7-33 所示。

**Add Target**

**Type:**

Single Image    Cuboid    Cylinder    3D Object

**File:**

lion.jpg    Browse...

.jpg or .png (max file 2mb)

**Width:**

1024

Enter the width of your target in scene units. The size of the target should be on the same scale as your augmented virtual content. Vuforia uses meters as the default unit scale. The target's height will be calculated when you upload your image.

**Name:**

lion

Name must be unique to a database. When a target is detected in your application, this will be reported in the API.

Cancel    Add

图 7-33　上传图片

（5）在页面中可以看到已经上传的图片，该图片色彩比较丰富，识别度比较低，只有一颗星，如图 7-34 所示。

| ☐ Target Name | Type | Rating | Status ⌄ |
|---|---|---|---|
| ☐ 🦁 lion | Single Image | ★ ☆ ☆ ☆ ☆ | Active |

图 7-34　已经上传图片

（6）接下来用同样的方法上传一张正面图片，发现识别度得到了很大的提升，如图 7-35 所示。

| ☐ Target Name | Type | Rating | Status ⌄ |
|---|---|---|---|
| ☐ 🖼 lion_c | Single Image | ★ ★ ★ ★ ★ | Active |
| ☐ 🦁 lion | Single Image | ★ ☆ ☆ ☆ ☆ | Active |

图 7-35　lion 正面图片

（7）单击右上角的 Download（All）按钮，在 Download Database 页面选择 Unity Editor 单选按钮，如图 7-36 所示。然后单击 Download 按钮，将资源下载到本地电脑。

图 7-36　Download Database

（8）下载好后，打开上一节中保存的 Unity 项目，将从 Vuforia 下载的资源导入项目，在上一节基础项目的基础上完成 AR 项目。

### 7.3.4　Vuforia 的使用

**步骤 1** 导入插件

（1）将随书资源该任务文件夹中的插件文件 vuforia-unity.unitypackage 导入到项目中（或者直接从 Vuforia 官网下载插件包导入项目），如图 7-37 所示。

（2）接下来，在项目中找到我们导入的 Vuforia 文件夹，打开 Prefabs 文件夹，将 ARCamera 和 ImagerTargt 拖入 Hierarchy 面板中，如图 7-38 所示。

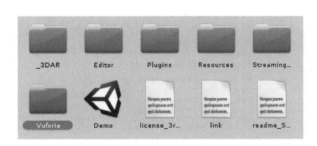

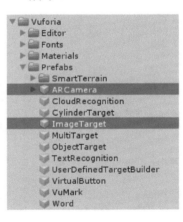

图 7-37　导入 Vuforia 插件　　　　　　　　图 7-38　将组件拖入场景

（3）在 Hierarchy 面板中删除原有的 Main Camera 和犀牛。Hierarchy 面板中现在包含的对象如图 7-39 所示。

**步骤 2** 设置 ARCamera 对象

（1）选择 Hierarchy 面板中 ARCamera 对象，在 Inspector 面板中单击 Open Vuforia configuration 按钮，如图 7-40 所示。

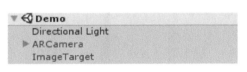

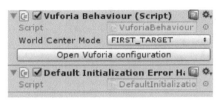

图 7-39　Hierarchy 面板中的对象　　　　　图 7-40　单击 Open Vuforia configuration 按钮

（2）这时在最上方的 App License Key 中复制刚才 Vuforia 页面的 License Manager 中的 License Key。然后勾选 Load 3DAR Database 和 Activate 复选框，如图 7-41 所示。

**步骤 3**　设置 ImageTarget

（1）在 Hierarchy 面板中选中 ImageTarget，在 Inspector 面板中的 Image Target Behavior 下设置 Database 和 Image Target 的参数，如图 7-42 所示。这里的 Image Target 中设置的是之前在 Vuforia 官网上传的识别图片。

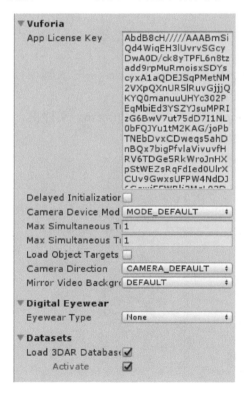

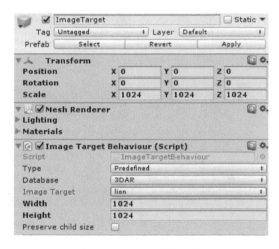

图 7-41　Vuforia 的设置　　　　　　　　图 7-42　设置两个选项

（2）选择 fbx 文件夹中的 LION 模型，将模型拖曳至 Hierarchy 面板的 ImageTarget 对象上，这时狮子模型会出现在 Scene 面板中，如图 7-43 所示。

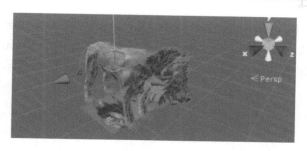

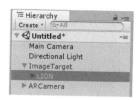

图 7-43　将模型拖曳至 ImageTarget 上

## 7.3.5　发布 Android 项目

**步骤 1**　修改模型大小

（1）选中 ImageTarget 对象，在 Inspector 面板中，可见 ImageTarget 的 Scale 是 1024×1024×1024，把它改成 10.24×10.24×10.24，如图 7-44 所示。

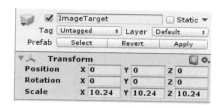

图 7-44　修改 Scale 大小

（2）用鼠标放大 Scene 面板中的对象，发现狮子模型仍然比图片大，如图 7-45 所示。

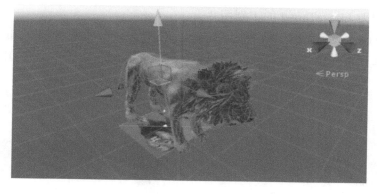

图 7-45　LION 对象较大

（3）下面修改狮子模型的大小。在 Hierarchy 面板中展开 ImageTarget，选中里面的 LION 对象，在 Inspector 面板中修改 Scale 参数值为 0.3，如图 7-46 所示。

**步骤 2**　设置 AR Camera 和 Image Target

（1）现在 AR Camera 和 Image Target 的位置重叠，在 Game 面板中看不到狮子，需要先修改 ARCamera 的位置。选中 AR Camera，在 Inspector 面板中修改 Position 的 Y 值为 10。

（2）让 AR Camera 照到狮子模型。选中 AR Camera，在 Inspector 面板中修改 Rotation 的 X 值为 90，表示绕 X 轴旋转 90 度，如图 7-47 所示。

图 7-46　修改模型大小

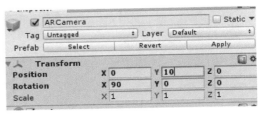

图 7-47　设置 AR Camera

（3）打开 Game 面板，可以看到狮子模型站在图片上面，如图 7-48 所示。

（4）可以看到狮子模型和图片没有完全露出来，修改 Position 的 Y 值为 20，此时狮子模型和图片完全露出来了，如图 7-49 所示。

图 7-48　Game 面板中效果

图 7-49　设置 AR Camera 位置

**步骤 3**　修改 ImageTarget 的识别图片

（1）选中 Hierarchy 面板中的 ImageTarget，在 Inspector 面板中修改 ImageTarget 的识别图片为 lion_c（背面图片，识别度高一些），并设置 Scale 为 10.24，如图 7-50 所示。

（2）此时，Game 面板中显示效果如图 7-51 所示。

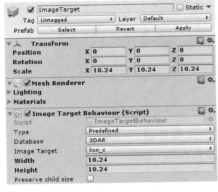

图 7-50　修改 ImageTarget

图 7-51　Game 面板显示效果

**步骤 ④** 项目设置

（1）选择 File 菜单中的 Build Settings 命令。在前面已经设置了 Android 平台并且 switch platform 进行了切换，接着单击 Player Settings 按钮，如图 7-52 所示。

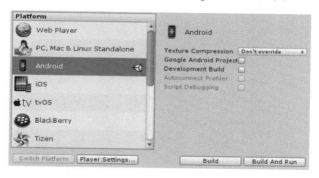

图 7-52　单击 Player Settings 按钮

（2）此时，Inspector 面板中出现 Player Settings 属性。修改 Company Name 与 Vuforia 官网注册时填写的公司名一致；修改 Product Name 为一个比较简单的词，如 3DAR，如图 7-53 所示。

图 7-53　设置 Player Settings

（3）接着，在 Inspector 面板下方，有如图 7-54 所示的按钮，单击右边的 Android 按钮。

（4）展开 Resolution and Presentation 属性，在 Default Orientation 中选择 Auto Rotation，来控制移动终端是否自动旋转平面，如图 7-55 所示。

图 7-54　Android 按钮

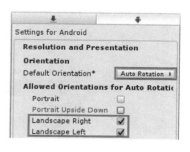

图 7-55　设置 Default Orientation

（5）收起 Resolution and Presentation 属性，展开下方的 Other Settings 属性，设置如图 7-56 所示的值。对于 Minimum API Level 要选择相对应的版本，前面讲过 Unity 本身支持的 Android SDK 是有范围的，在此处可以看到该 Unity 所有支持的 Android SDK 版本。

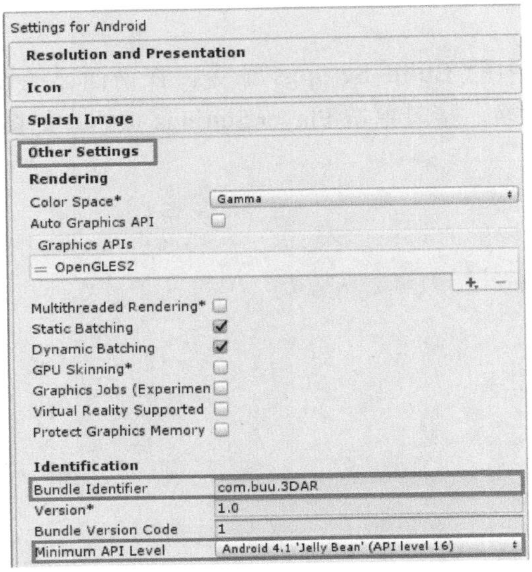

图 7-56　设置 Other Settings

（6）至此，player settings 设置完毕。对于同一个项目，player settings 只设置一次即可。

**步骤 5**　发布项目

（1）单击 File 菜单按钮，选择 Save Scene As 命令，对场景进行保存。

（2）打开 Build Settings 添加场景，单击 Add Open Scenes 按钮，或直接从 Assets 文件夹中拖曳场景，把保存的场景添加进来，如图 7-57 所示。

图 7-57　Build Settings 窗口

（3）在 Build Settings 窗口中单击右下方的 Build 按钮，进行发布。此时会出现图 7-58

所示的错误提示。

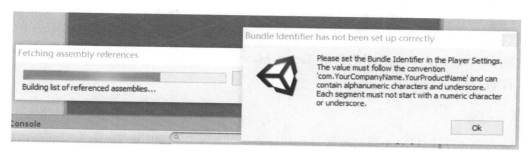

图 7-58　错误提示

（4）刚才在 Player Settings 中设置的 Product Name 为 3DAR，以数字开头，要求是不能以数字开头。修改 Product Name，如图 7-59 所示。

图 7-59　修改 Product Name

（5）对 Bundle Identifier 相应部分也进行修改，如图 7-60 所示。这时，再次单击 Build 按钮，可以成功发布。

图 7-60　修改 Bundle Identifier

**步骤 6　测试**

在安卓系统手机上安装发布的 lion.apk。在电脑上打开 lion_c 图片，或将该图片打印出来。在手机上打开 lion.apk 应用，将手机摄像头对准 lion_c 图片，会在手机上显示图片叠加 3D 狮子模型的效果。

—— 知 识 总 结 ——

 知识点一：Vuforia 介绍

Vuforia 增强现实软件开发工具包是高通推出的针对移动设备增强现实应用的软件开发工具包。换言之，Vuforia 就是一个 AR 的平台，如果从游戏角度来说，可以认为它就是一个增强现实开发的引擎。在 Vuforia 官网开发者平台的 Download 界面可以下载最新的 Unity SDK。下载完成之后，双击 SDK 的 Package，将 Vuforia SDK 导入到 Unity 中。

Editor：包含了在 Unity 编辑器中与对象进行互动控制的脚本。

Plugins：包含了 Java 和 iOS 的原生库，用来将 Vuforia 集成到 Android 和 iOS 平台上。

Vuforia：包含了用来实现增强现实功能的预设体和代码脚本。

StreamingAssets：包含了之前从 Target Manager 中下载的关于对象数据库的 XML 配置文件和 DAT 文件。

 知识点二：图片目标

Vuforia 识别的原理是通过检测自然特征点的匹配来完成的。将 Target Manager 中图片检测出的特征点保存在数据库中，然后再实时检测出真实图像中的特征点与数据库中模板图片的特征点数据进行匹配。

Vuforia 支持的图片格式必须是 8 位或者 24 位的 PNG 或者 JPG 格式的图片。图片要包含丰富的细节、较高的对比度以及无重复的图像，这样图片的评估级较高，更加有利于 Vuforia 的检测和跟踪。

试一试

请在 Vuforia 网站上传 10 种以上动物的正反面图片，制作待识别图片资源，下载所有图片的 Database 资源包。

## 7.4 Unity 新版本中的项目发布

本节介绍如何在新版本的 Unity 中发布项目，具体操作步骤如下。

（1）要发布到安卓平台，需要安装 Unity Android Build Support 平台模块，还需要安装 Android 软件开发工具包（SDK）和原生开发工具包（NDK）才能在 Android 设备上构建和运行代码。在使用 Unity Hub 安装 Unity Editor 的时候，就会提示是否选择安装平台编译库。

如果安装的时候没有选择也没有关系，可以通过 Unity Hub 补充安装。具体的操作是在 Unity Hub 的安装项里，单击后面的小齿轮图标，在弹出的快捷菜单中选择"添加模块"命令，如图 7-61 所示。

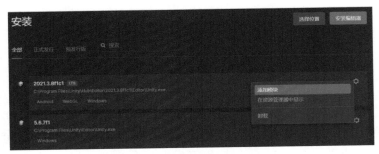

图 7-61　添加模块

（2）打开添加模块窗口后，勾选 Android Build Support 复选框，Unity 就会自动下载安装 SDK、NDK 以及 OpenJDK 了。图 7-62 所示为已经安装好的 Android Build Support 平台模块。

图 7-62　安装 Android Build Support

（3）Unity 的平台编译库目录在 Unity\Hub\Editor\2021.3.*\Editor\Data\PlaybackEngines 下，这里我们安装了 Android、WebGL 和 Windows 三个平台，如图 7-63 所示。

| Program Files › Unity › Hub › Editor › 2021.3.8f1c1 › Editor › Data › PlaybackEngines | | | |
| --- | --- | --- | --- |
| 名称 | 修改日期 | 类型 | 大 |
| AndroidPlayer | 2022/8/25 17:12 | 文件夹 | |
| WebGLSupport | 2022/8/24 18:27 | 文件夹 | |
| windowsstandalonesupport | 2022/8/24 18:25 | 文件夹 | |

图 7-63　Unity 的平台编译库目录

（4）进入 AndoridPlayer 目录中查看，如图 7-64 所示，可以看到 NDK、OpenJDK 和 SDK 三个目录。它们的版本与 Unity 版本有一些关系。由于这里安装的是 Unity 2021 版本，因此 OpenJDK 是 2.0 版本，SDK 里面有 29 和 30 两个版本。

| | |
| --- | --- |
| Apk | Bee |
| Data | Documentation |
| NDK | OpenJDK |
| SDK | Source |
| Tools | Variations |
| AndroidPlayerBuildProgram.Data.dll | AndroidPlayerBuildProgram.exe |
| modules.asset | NiceIO.dll |
| Unity.Android.Gradle.dll | Unity.Android.Types.dll |
| UnityEditor.Android.Extensions.dll | |

图 7-64　AndoridPlayer 目录

（5）如果多个 Unity 版本共享 Android SDK & NDK Tools 和 OpenJDK，则可以在 Unity Preferences 窗口中指定一个共享位置。为此，请在菜单栏选择 Edit→Preferences→External Tools 命令，并在当前面板的 JDK、SDK 和 NDK 字段中输入对应的安装目录即可，如图 7-65 所示。

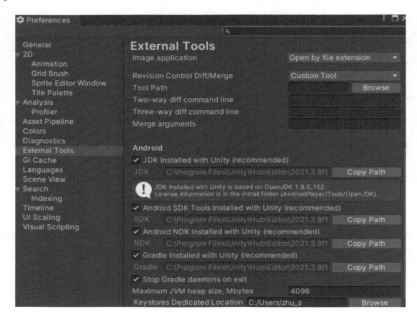

图 7-65　设置 External Tools 面板中的选项

（6）在菜单栏选择 Edit→Project Settings→Player 命令，选择其中的安卓平台。在 Other Settings→Identification 面板中设置 Minimum API Level 和 Target API Level 选项，如图 7-66 所示。这里的最低版本为 Android 5.1（SDK=22），而目标编译版本为 Automatic，也就是安装的 SDK 中的最高版本。

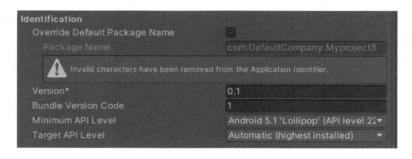

图 7-66　设置 Identification 面板中的选项

（7）将项目打包发布安卓应用程序。首先，选择菜单栏 File→Build Settings 命令，然后在弹出的 Build Settings 窗口左侧选择 Android 平台。如果我们之前选择了其他平台，就需要再单击右下角的 Switch Platform 切换平台，如图 7-67 所示。

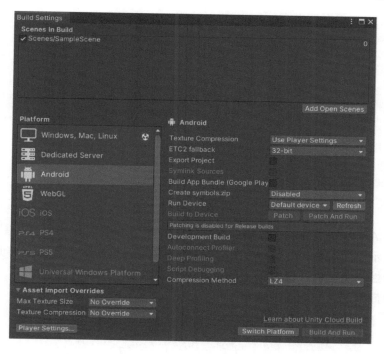

图 7-67　切换平台

（8）平台切换完毕后，单击左下角的 Player Settings 按钮，在弹出的界面中设置公司名称、应用名称以及启动图标。这里我们只修改安卓应用程序的包名，Unity 要求包名称必须遵循约定 com.YourCompanyName.YourProductName，并且只能包含字母数字和下画线字符。

（9）返回 Build Settings 窗口，单击右下角的 Build 按钮进行打包发布操作。发布成功后，将 App 的安装包发给手机端（也可以使用模拟器测试）即可安装了。

# 第8章 动物乐园 AR 软件

## 8.1 软件介绍

动物乐园 AR 软件是通过手机摄像头拍摄现实世界中的图片，实现对图片的识别，针对不同图片展示不同动物，如狮子、斑马等的 3D 效果，将虚拟世界和现实世界进行结合。为了增加趣味性和交互性，通过脚本的编写，可以单击不同 3D 动物模型，实现有针对性的介绍。软件最终效果如图 8-1 所示。

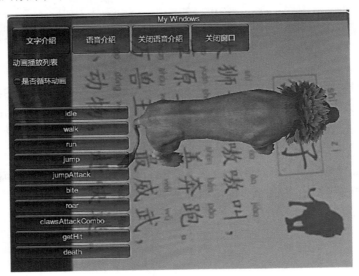

图 8-1 最终运行效果

该软件可以同时识别多张图片，根据不同的图片会显示不同的 3D 模型。单击一个 3D 模型，会弹出一个 GUI 窗口，窗口的具体内容如下。

（1）窗口第一排的四个按钮是横向布局的，分别为："文字介绍""语音介绍""关闭语音介绍"和"关闭窗口"。

单击"文字介绍"按钮，会弹出图 8-2 所示的效果，显示对应动物的文本介绍。再次单击"文字介绍"按钮，就会隐藏文本。

单击"语音介绍"按钮，会播放对应动物的语音介绍；单击"关闭语音介绍"按钮，会停止播放。

图 8-2　单击"文字介绍"按钮

（2）窗口下面的动画列表按钮是纵向布局的，这些按钮的数量和该模型附带的动画数量是一致的，按钮上的文字就是动画的名字。

如狮子 3D 模型附带的动画有 idle、walk、run 和 jump 等，单击其中的 jump Attack 按钮就会播放狮子跳起来攻击的动画，效果如图 8-3 所示。单击按钮后默认只播放一次动画，勾选"是否循环动画"复选框后，会循环播放对应的动画。

图 8-3　播放动画

## 8.2　实现多张图片的识别

任务要求

本任务完成一个可以识别多张图片的 AR 项目，对于不同的图片显示不同的 3D 对象，制作的效果如图 8-4 所示。

通过完成任务：

● 更加熟练地对 AR 对象进行常规设置以及发布 AR 项目的常规设置。

● 掌握识别多张图片的 AR 项目。

图 8-4　最终效果

（资源文件路径：Unity 3D/2D 移动开发实战教程（全彩版）\第 8 章\实例 1）

## 8.2.1　设置最大识别图片数目

**步骤 1**　下载资源

（1）前面已经在 Vuforia 的官方网站上传了多张图片，将这些图片资源下载备用。下载好后，资源是以 unitypackage 形式存放的。

（2）打开上一章完成的项目，把从 Vuforia 下载的资源包导入到项目中，以这个项目为基础完成对多张图片的识别。

**步骤 2**　设置 Max Simultaneous Tracked Objects

（1）选中 Hierarchy 面板中的 ARCamera 对象，在 Inspector 面板中单击 Open Vuforia Configuration 按钮，如图 8-5 所示。

图 8-5　单击 Open Vuforia Configuration 按钮

（2）在打开的界面上检查 App License Key 和 Datasets，确保正确，如图 8-6 所示。

（3）修改界面中的 Max Simultaneous Tracked Images 和 Max Simultaneous Tracked Objects 的数目都为 5，即最多可以识别的图片数目为 5，如图 8-7 所示。

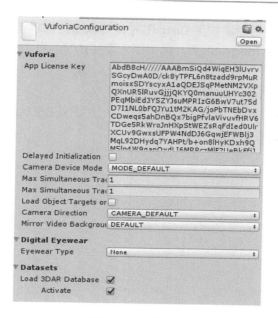

图 8-6　信息检查

**步骤 3** 添加多个 ImageTarget

从 Vuforia 文件夹中拖曳多个 ImageTarget 到 Scene 面板中，操作完毕 Hierarchy 面板的结果显示如图 8-8 所示。

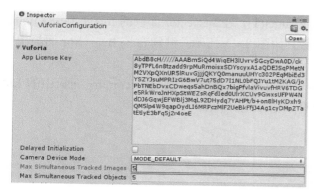

图 8-7　设置可以识别图片数目

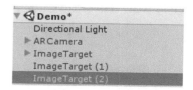

图 8-8　Hierarchy 面板

## 8.2.2　设置 ImageTarget

**步骤 1** 设置 ImageTarget 和 fbx 模型（狮子）

（1）在 Hierarchy 面板中选中 ImageTarget 对象，在 Inspector 面板设置 ImageTarget 的 Scale 为 10.24。下方的 Image Target Behavior 中设置 Database 和 ImageTarget 的参数，选择黑白图片，识别度更大，如图 8-9 所示。

（2）由于 LION 对象已经添加至 ImageTarget 对象中，所以不用再次拖入模型。接着，在 Hierarchy 面板中展开 ImageTarget，选中子对象 LION，在 Inspector 面板中修改 Scale 值为 0.3。

**步骤 2** 设置 ImageTarget(1)和 fbx 模型（斑马）

（1）为方便编辑，先将 ImageTarget 隐藏，方法是在 Inspector 面板中取消勾选 ImageTarget 复选框，如图 8-10 所示。

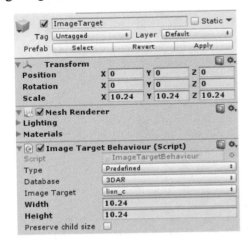

图 8-9　设置 ImageTarge　　　　　　　　图 8-10　隐藏 ImageTarget

（2）在 Hierarchy 面板中选中 ImageTarget(1)，在 Inspector 面板的 Image Target Behavior 中设置 Database 和 ImageTarget 的参数，如图 8-11 所示。继续在该 Inspector 面板上方设置 Scale 值为 10.24。

（3）在 Project 面板的 fbx 文件夹中将 ZEBRA 模型拖曳至 Hierarchy 面板中的 Image Target(1)下面，Hierarchy 面板中的效果如图 8-12 所示。

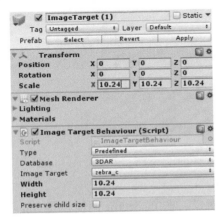

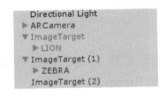

图 8-11　设置 ImageTarget（1）　　　　　　图 8-12　Hierarchy 面板显示

（4）选中 Hierarchy 中的 ZEBRA，在 Inspector 面板中修改 ZEBRA 模型的大小，修改

Scale 为 0.3，如图 8-13 所示。

**步骤 3** 修改狮子和斑马的位置

（1）在 Hierarchy 面板中选中 ImageTarget，在 Inspector 面板中勾选 Image Target 复选框，激活该对象，让对象显示出来，可以发现这时狮子和斑马模型重叠，如图 8-14 所示。

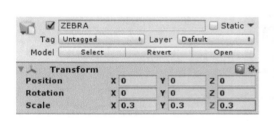

图 8-13　设置 ZEBRA

图 8-14　模型重叠

（2）选中 Hierarchy 面板中的 ImageTarget，然后在 Scene 面板中沿着 x 轴移动 ImageTarget，把狮子和斑马分开，效果如图 8-15 所示。

（3）在 Hierarchy 面板中选中 ARCamera 对象，在 Inspector 面板中设置 Position 里的 y 值为 20，使得 ARCamera 能照到这两个对象，这时 Game 面板的效果如图 8-16 所示。

图 8-15　将模型分开

图 8-16　Game 面板显示效果

**步骤 4** 设置 ImageTarget(2)和 fbx 模型（奶牛）

（1）取消勾选 ImageTarget 和 ImageTarget(1)复选框，隐藏狮子和斑马，以方便编辑。

（2）在 Hierarchy 面板中选中 ImageTarget(2)，在 Inspector 面板的 Image Target Behavior 中设置 Database 和 Image Target 的参数，如图 8-17 所示。继续在 Inspector 面板中设置 Scale 为 10.24。

（3）在 Project 面板的 fbx 文件夹中将奶牛模型拖曳至 Hierarchy 面板中的 ImageTarget(2)下，Hierarchy 面板效果如图 8-18 所示。

（4）在 Hierarchy 面板中选中 ImageTarget(2)的子对象 COW，在 Inspector 面板中修改 Scale 为 0.3，如图 8-19 所示。

（5）这时，再次勾选 ImageTarget 和 ImageTarget(1)的复选框，显示狮子和斑马。发现奶牛和它们重叠了。在 Hierarchy 面板选中 ImageTarget(2)对象，在 Scene 面板中沿着 x 轴把 ImageTarget(2)拉开，Scene 面板现在的效果如图 8-20 所示。

图 8-17　设置 ImageTarget（2）　　　　　　图 8-18　Hierarchy 面板显示效果

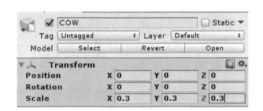

图 8-19　修改 Scale 值

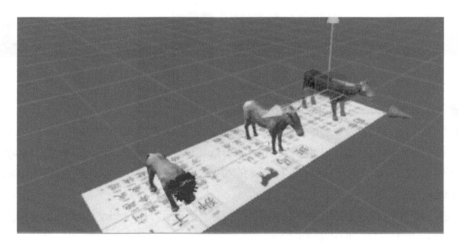

图 8-20　Scene 面板显示效果

（6）最后，保存项目并发布成*.apk 文件，安装到手机上进行测试。打印 lion、zebra 和 cow 这三张图片，运行该 apk 程序，用手机摄像头对准这三张图片，可以同时识别它们，并显示狮子、斑马和奶牛 3D 模型。

知 识 总 结

不要把一个 ImageTarget 放到另一个 ImageTarget 下，它们应当并列在根目录下，否则就无法识别了。ImageTarget 的名字可以任意命名，本任务中先保留默认名字，以方便区分。如果发现 ImageTarget 变成空白了，可以对图片属性进行设置，如图 8-21 所示。

（1）找到识别图的源文件（Assets-->Editor-->Vuforia-->ImageTargetTextures-->3DAR 文件夹中），如图 8-22 所示。

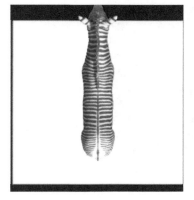

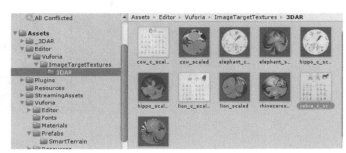

图 8-21　图片空白　　　　　　　　　　　　　　图 8-22　源文件

（2）单击选中识别图源文件，在 Inspector 面板中将 Texture Type 修改为 Default、Texture Shape 修改为 2D，最后单击右下角的 Apply 按钮，如图 8-23 所示。

图 8-23　设置图片

（3）然后在 Hierarchy 面板中单击一下 ImageTarget 对象，就会发现识别图已经可以显示出来了。

## 8.3 为 AR 项目创建固定 GUI

**任务要求**

本任务将在识别多张图片的 AR 项目基础上，为其添加 GUI，窗口共包含 3 个按钮，效果如图 8-24 所示。单击"文字介绍"按钮，会显示文字内容；单击"语音介绍"按钮，会播放语音介绍；单击"关闭语音介绍"按钮，会关闭音频播放。

图 8-24　最终效果

通过完成任务：

● 掌握在 AR 项目中创建 GUI 的基础方法。

（资源文件路径：Unity 3D/2D 移动开发实战教程（全彩版）\第 8 章\实例 2）

### 8.3.1　显示窗口

**步骤 1** 打开项目

打开上一任务中完成的项目，在这个项目的基础上创建固定 GUI。

**步骤 2** 创建窗口

（1）在 Project 面板中创建脚本文件 UIManager.cs，双击打开该文件进行编写。

```
1.  public class UIManager : MonoBehaviour {
2.  public Rect window01 = new Rect (0, 0, 600, 600);
3.  void Start () {
4.  }
5.  void Update () {
6.  }
7.  void OnGUI () {
8.      window01 = GUI.Window (0, window01, DoMyWindow, "My Windows");
9.  }
```

```
10. void DoMyWindow(int window) {
11.     }
12. }
```

【程序代码说明】

第 2 行：定义一个矩形区域。

第 7～9 行：调用 OnGUI()在屏幕上直接绘制 UI。GUI.Window 函数用于创建一个窗口。

（2）把 UIManager.cs 脚本拖曳添加至 Hierarchy 窗口中的 ARCamera 对象上，如图 8-25 所示。

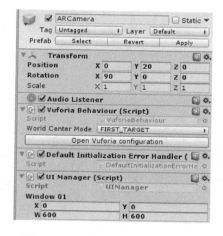

图 8-25　添加 UIManager.cs 脚本

（3）运行软件，Game 面板会出现图 8-26 所示的窗口，我们会发现该窗口不能调整大小，也不能移动，下面将会对其进行完善。

图 8-26　Game 面板

步骤 3　窗口功能完善

（1）在 Inspector 面板中修改 Window01 的大小，由于 UIManager.cs 脚本里的 Window01 为 public 型，所以能在 Inspector 面板中修改它的属性值，如图 8-27 所示。

（2）运行软件，发现窗口的起始位置和大小都发生了变化，执行结果如图 8-28 所示。

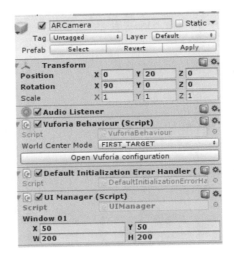

图 8-27  修改 Window01

图 8-28  运行效果

（3）接下来，设置窗口能被拖动。

在 UIManager.cs 脚本的 DoMyWindow() 函数中添加一条语句：

```
1.  GUI.DragWindow (new Rect (0, 0, 200, 50));
```

（4）运行软件，当选中窗口时，周围出现白色框，这时可以对窗口进行拖动，如图 8-29
所示。

图 8-29  窗口可以被拖动

## 8.3.2　添加文字介绍

**步骤 1**　添加 Button 控件

（1）在 UIManager.cs 脚本的 DoMyWindow 函数中添加如下语句：

```
1.   if (GUILayout.Button ("文字介绍", GUILayout.Width (200), GUILayout.
Height (100))) {          }
```

（2）执行会看到窗口中增加了一个"文字介绍"按钮，单击该按钮会有动态效果，如图 8-30 所示。

图 8-30　添加按钮

**步骤 2**　为按钮添加"文字介绍"变量

在 UIManager 脚本中添加字符串类型的文字介绍变量 lion_text，如下：

```
1.   public string lion_text = "狮子雄性颈部有鬃毛，雌兽体型较小，一般只及雄
兽的三分之二，是唯一雌雄两态和群居的猫科动物，生活于开阔的草原疏林地区或半荒漠地带，是猫科
动物中进化程度最高的。";
```

**步骤 3**　添加 Label 以显示文字介绍

（1）在 UIManager.cs 脚本的 DoMyWindow 函数中添加如下语句：

```
1.   GUILayout.Label (lion_text);
```

（2）执行会显示文字介绍内容，如图 8-31 所示。

图 8-31　显示文字介绍

**步骤 4** 添加 bool 变量控制内容是否显示

（1）上面的程序无论是否单击"文字介绍"按钮，都会显示文字介绍内容。下面添加 bool 变量，用于控制内容是否显示。

```
1.  public bool openText = false;
```

（2）用 openText 变量控制文字介绍的内容是否显示。修改 UIManager.cs 脚本的 DoMyWindow 函数如下。

```
1.  void DoMyWindow(int window) {
2.  GUI.DragWindow (new Rect (0, 0, 600, 50));
3.  if (GUILayout.Button ("文字介绍", GUILayout.Width (100), GUILayout.Height (50)))
4.  {
5.      openText = true;
6.  }
7.  if (openText)
8.  {
9.      GUILayout.Label (lion_text);
10. }
11. }
```

【程序代码说明】

第 3~6 行：表示单击"文字介绍"按钮，则将"openText = true;"。

第 7~9 行：表示如果 openText 为真，则输出文本。

（3）运行软件，单击"文字介绍"按钮，显示内容，结果如图 8-32 所示。

**步骤 5** 将 bool 变量 openText 改成开关语句

上一步实现了单击按钮显示文本的操作，但是再次单击按钮时文本没有隐藏，下面设置开关操作，单击按钮显示文本，再次单击按钮文本将隐藏。

图 8-32　显示内容

（1）修改 UIManager.cs 脚本的 DoMyWindow 函数，完整的程序代码如下：

```
1.  public class UIManager : MonoBehaviour {
2.  public Rect window01 = new Rect (0, 0, 600, 600);
3.  public string lion_text = "狮子雄性颈部有鬃毛，雌兽体型较小," +
4.      "一般只及雄兽的三分之二，是唯一雌雄两态和群居的猫科动物，生活于开阔的草原疏林地区或半荒漠地带,是猫科动物中进化程度最高的。";
5.  public bool openText = false;
6.  void Start () {
7.
```

```
8.  }
9.  void Update () {
10. }
11. void OnGUI () {
12.     window01 = GUI.Window (0, window01, DoMyWindow, "My Windows");
13. }
14. void DoMyWindow(int window) {
15.     GUI.DragWindow (new Rect (0, 0, 600, 50));
16.     if (GUILayout.Button ("文字介绍", GUILayout.Width (100),
    GUILayout.Height (50)))
17.     {
18.         openText =!openText;
19.     }
20.     if (openText)
21.     {
22.         GUILayout.Label (lion_text);
23.     }
24.     }
25. }
```

（2）运行程序，单击"文字介绍"按钮，可以开关控制文本内容是否显示。

### 8.3.3　添加语音介绍

**步骤 1** 修改 UIManager.cs 脚本

打开 UIManager.cs 脚本，对其进行修改，添加语音介绍功能。

```
1.  public class UIManager : MonoBehaviour
2.  {
3.  public Rect window01 = new Rect (0, 0, 600, 600);
4.  public string lion_text = "狮子雄性颈部有鬃毛，雌兽体型较小," +
5.      "一般只及雄兽的三分之二，是唯一雌雄两态和群居的猫科动物," +
6.      "生活于开阔的草原疏林地区或半荒漠地带,是猫科动物中进化程度最高的。";
7.  public bool openText = false;
8.  public AudioClip lion_show;
9.  public AudioSource audioPlayer;
10.
11. void Start (){  }
12. void Update (){     }
13. void OnGUI ()
14. {
15.     window01 = GUI.Window (0, window01, DoMyWindow, "My Windows");
16. }
```

```
17. void DoMyWindow (int window)
18. {
19.     GUI.DragWindow (new Rect (0, 0, 600, 50));
20.     if (GUILayout.Button ("文字介绍", GUILayout.Width (100),
GUILayout. Height (50))) {
21.         openText = !openText;
22.     }
23.     if (GUILayout.Button ("语音介绍", GUILayout.Width (100),
GUILayout.Height (50))) {
24.         audioPlayer.clip = lion_show;
25.         audioPlayer.Play ();
26.     }
27.     if (openText) {
28.         GUILayout.Label (lion_text);
29.     }
30. }
31. }
```

【程序代码说明】

第 8 行：添加 AudioClip 变量，用于存放音频剪辑。

第 9 行：创建 AudioSource 变量 audioPlayer。

第 23 行：添加"语音介绍"按钮。

第 24～25 行：单击"语音介绍"按钮，播放音频。

步骤 2 为变量赋值

（1）在 Hierarchy 面板中单击鼠标右键，选择 Audio→Audio Source 命令，创建一个 AudioSource 对象，并将其重命名为 playaudio。

（2）选中 Hierarchy 面板中的 ARCamera 对象，在 Inspector 面板下方的 UIManager.cs 脚本中出现 lion_show 和 Audio Player 两个文本框，因为这是两个共有变量。

（3）将 Hierarchy 面板中的 playaudio 对象拖曳到 Audio Player 栏中，为其进行赋值。

（4）将 Project 面板 audio 文件夹中的"狮子 介绍.mp3"文件拖曳至 Lion_show 中，如图 8-33 所示。

（5）运行程序，先单击"文字介绍"按钮，会出现文字内容；单击"语音介绍"按钮，会播放狮子介绍的音频，如图 8-34 所示。

## 8.3.4 添加语音播放开关

步骤 1 添加音效开关的 2 个 bool 变量

下面添加对语音播放进行开关的控制操作，在 UIManager.cs 脚本中添加音效开关的 2 个 bool 变量。

图 8-33　为变量赋值　　　　　　　　图 8-34　执行测试

```
1.  public bool openAudio = false;
2.  public bool closeAudio = false;
```

**步骤 2** 添加音效开关语句

（1）修改 UIManager.cs 脚本的 DoMyWindow 函数，将"语音介绍"if 语句体内容改为以下内容，即单击"语音介绍"按钮 openAudio 值为 true。

```
1.  openAudio = true;
```

（2）在 DoMyWindow 函数增加"关闭语音介绍"按钮，并且单击该按钮的时候 closeAudio 值为 true。

```
1.  if (GUILayout.Button ("关闭语音介绍", GUILayout.Width (100),
GUILayout.Height (50)))
2.  {
3.      closeAudio=true;
4.  }
```

（3）添加对 openAudio 变量的 if 判断语句，当 openAudio 为真时，播放音频，并且为 openAudio 赋值 false。

```
1.  if (openAudio)
2.  {
3.      openAudio = false;
4.      audioPlayer.clip = lion_show;
5.      audioPlayer.Play ();
6.  }
```

（4）添加对 closeAudio 变量的 if 判断语句，当 closeAudio 值为真的时候，关闭语音播放。

```
1.  if (closeAudio)
2.  {
3.      closeAudio=false;
4.      audioPlayer.Stop ();
```

5.  }

**步骤 3** 至此就完成了具有基础操作的 GUI，单击按钮可以执行相应的操作。也可以将该软件发布成*.apk，在手机上进行测试。

### ◆—— 知 识 总 结 ——◆

#### 知识点一：音频开关

OnGUI()函数在每一帧中都会被调用到，在该函数中创建了窗口和三个按钮，用来控制音频的播放和文本的显示。

在 if(openAudio)语句中添加"openAudio=false；"，因为每次刷帧，if(openAudio)都被执行，如果 openAudio 一直为 true，audioPlayer.Play()会每帧都执行，音频会一直从头播放。

在 if(closeAudio) 语句中加"closeAudio=false；"，因为每次刷帧，if(closeAudio)都被执行，如果 closeAudio 一直为 true，则 audioPlayer.Stop()；总被执行，音频会一直总被 Stop。

#### 知识点二：GUI.Window 函数

GUI.Window 函数主要有以下形式。

```
    public static Rect Window(int id, Rect clientRect, GUI.WindowFunction
func, string text);
    public static Rect Window(int id, Rect clientRect, GUI.WindowFunction
func, Texture image);
    public static Rect Window(int id, Rect clientRect, GUI.WindowFunction
func, GUIContent content);
    public static Rect Window(int id, Rect clientRect, GUI.WindowFunction
func, string text, GUIStyle style);
    public static Rect Window(int id, Rect clientRect, GUI.WindowFunction
func, Texture image, GUIStyle style);
    public static Rect Window(int id, Rect clientRect, GUI.WindowFunction
func, GUIContent title, GUIStyle style);
```

各参数说明如下。
- id：每个窗口的唯一 ID。
- clientRect：用于规定窗口在屏幕上的矩形位置。
- func：在窗口中创建 GUI 的函数，这个函数必须获得一个参数，用于当前创建 GUI 的窗口 ID。
- text：用于窗口的标题文本显示。
- image：在标题栏显示图片纹理。
- content：用于窗口的文本、图片和提示。

● style：用于窗口的可选样式。

知识点三：GUI.DragWindow 函数

```
GUI.DragWindow (new Rect (0, 0, 200, 50));
```

该函数设置 Window 窗体可被鼠标拖动，并设置 Window 窗体的鼠标响应范围，四个值分别是窗体中响应区的开始 X、Y 位置和响应区的长宽。

# 8.4　为 AR 项目创建动态交互 GUI

任务要求

上一任务中单击 GUI 的按钮只能播放或者显示固定的内容。接下来，我们完成一个具有射线判定机制的动态交互 GUI。本任务中添加了射线判定机制，能够判断当前单击的是哪个 3D 对象，根据单击对象的不同，会出现不同的文字介绍、语音介绍、动画列表。最终效果如图 8-35 所示。

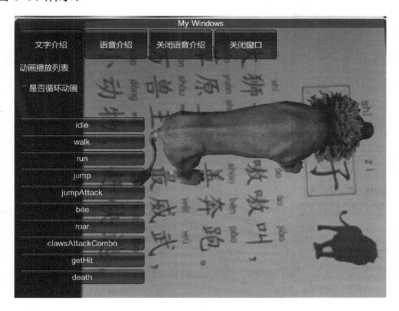

图 8-35　最终效果

通过完成任务：
● 掌握动态数组的使用方法。
● 掌握添加射线判定机制的方法。
● 掌握射线判定与交互功能相关联的实现方法。

（资源文件路径：Unity 3D/2D 移动开发实战教程（全彩版）\第 8 章\实例 3）

## 8.4.1 音频管理

**步骤 1** 打开已有项目

打开上一任务中保存的 Unity 项目，对其进行修改，创建一个具有动态交互的 GUI。

**步骤 2** 创建脚本

（1）创建新的脚本文件 AudioManager.cs，打开该文件进行编辑。

```
1.   using System.Collections;
2.   using System.Collections.Generic;
3.   using UnityEngine;
4.       public class AudioManager : MonoBehaviour {
5.       public static AudioManager instance;
6.       public List<AudioClip> audio_show = new List<AudioClip> ();
7.       public List<AudioClip> audio_name_china = new List<AudioClip> ();
8.       public List<AudioClip> audio_name_english = new List<AudioClip> ();
9.       void Awake () {
10.          instance = this;
11.      }
12.      void Start () {
13.      }
14.      void Update () {
15.
16.      }
17. }
```

【程序代码说明】

第 5 行：创建 AudioManager 类的静态变量。

第 6～8 行：创建类型为 AudioClip 的对象集合 audio_show、audio_name_china 和 audio_name_english，分别用于存放各个动物的语音介绍、中文名和英文名。

第 10 行：初始化静态变量。

（2）将编写好的 AudioManager.cs 脚本拖曳至 Hierarchy 面板中的 playaudio 上。附加后，在 Inspector 面板中可以看到图 8-36 所示的效果。

**步骤 3** 添加音频文件

（1）选中 Hierarchy 面板中的 playaudio 对象，在 Inspector 面板下方展开的 AudioManager 脚本组件，有 audio_show、audio_name_china 和 audio_name_english 几个数组，它们的 Size 都是 0。

（2）将 Audio_show 的 Size 设置为 3。将 Project 面板中的"狮子介绍"、"斑马介绍"和"奶牛介绍"音频拖曳至 Inspector 面板中的 Audio_show 栏，为数组元素赋值，如图 8-37 所示。

图 8-36　为 playaudio 添加脚本组件

图 8-37　添加音频文件

**步骤 4** 修改代码

（1）打开 UIManager.cs 脚本，找到 DoMyWindow 函数里的语句并注释掉。

```
1.   audioPlayer.clip = lion_show;
```

（2）添加下面的语句，使得选择不同的数组元素播放不同的语音文件。

```
1.   audioPlayer.clip = AudioManager.instance.audio_show[0];
```

（3）运行软件执行测试，当单击"语音介绍"按钮时播放有关狮子的相关介绍。下面对 UIManager.cs 脚本中 DoMyWindow 函数语句体里的 audio_show 数组元素进行修改，改为数组下标为 1 的元素。

```
1.   audioPlayer.clip = AudioManager.instance.audio_show [1];
```

（4）再次运行软件执行测试，单击"语音介绍"按钮，播放的是"斑马介绍"的语音。至此，为下面的射线判断做好了基础。下面将学习如何用射线判断确定点中的是什么物体。

## 8.4.2　添加碰撞检测器

**步骤 1** 为 LION 添加碰撞检测器

（1）选中 Hierarchy 面板中的 ImageTarget 对象，在 Inspector 面板中，将 Position 设置为 0，使它位于原点，如图 8-38 所示。

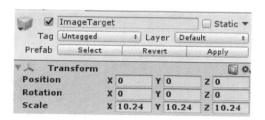

图 8-38　设置 Position

（2）选中 Hierarchy 面板中 ImageTarget 下的 LION 对象，在 Inspector 面板中单击 Add Component 按钮，然后查找 Box Collider 碰撞器并添加，如图 8-39 所示。

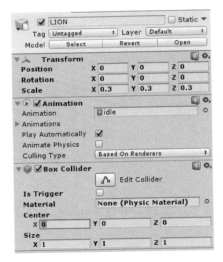

图 8-39　添加 Box Collider

（3）这时在 Scene 面板中狮子模型上出现一个绿色的长方体，就是 LION 的碰撞检测器，如图 8-40 所示。

图 8-40　Scene 面板显示效果

（4）调整 Scene 面板中的视角，使狮子在我们面前，这时会发现 Box Collider 在地面以下，如图 8-41 所示。

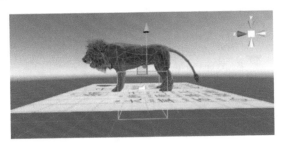

图 8-41　Box Collider 在地面以下

**步骤 2**　设置 Box Collider

（1）在 Hierarchy 面板中选中 LION 对象，在 Inspector 面板的 Box Collider 组件中，设置 Center 的 y 值（中心高度）为 1，如图 8-42 所示。

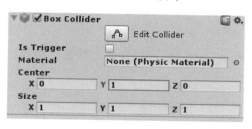

图 8-42　设置 Center 的值

（2）设置完成后 Box Collider 位置会上移，如图 8-43 所示。也可以对 Box Collider 的大小进行设置。

图 8-43　Scene 面板显示效果

**步骤 3** 设置 ImageTarget(1)和 ImageTarget(2)

（1）将 ImageTarget(1)或 ImageTarget(2)的 Position 设为 0。

（2）同样为 ImageTarget(1)的 ZEBRA 或 ImageTarget(2)的 COW 添加 Box Collider。

（3）将每个 Box Collider 的 Center 中的 y 值设为 1。

（4）Scene 中效果，如图 8-44 所示。

图 8-44　Scene 面板显示效果

### 8.4.3 判断点击物体

**步骤 1** 创建脚本

（1）创建脚本文件 Select_Target.cs，打开该文件进行编辑：

```
1.  using System.Collections;
2.  using System.Collections.Generic;
3.  using UnityEngine;
4.  public class Select_Target : MonoBehaviour {
5.      public GameObject hitGameObject;
6.      RaycastHit hit;
7.      Ray ray;
8.      void Start () {
9.      }
10.     void Update () {
11.         if (Input.GetMouseButtonDown (0))
12.         {
13.             ray = Camera.main.ScreenPointToRay (Input.mouse
Position);
14.             if (Physics.Raycast (ray, out hit))
15.             {
16.                 print ("我点击到了" + hit.collider.name);
17.                 hitGameObject = hit.collider.gameObject;
18.             }
19.         }
20.     }
21. }
```

【程序代码说明】

第 5 行：hitGameObject 对象是射线碰到的对象。

第 6 行：RaycastHit 类型的变量 hit 存储碰撞信息。

第 7 行：ray 射线，就是以某个位置朝某个方向的一条射线。

第 11~19 行：判断有没有按下鼠标左键，如果按下鼠标左键，则会发射射线，并将射线碰撞到的对象赋值给 hitGameObject。

（2）将 Select_Target.cs 脚本附加到 Hierarchy 面板中的 ARCamera 对象上。

**步骤 2** 运行测试

运行软件，在摄像头启动后，把识别图片放在摄像头前。展示斑马图片会显示斑马 3D 模型，点击斑马 3D 模型，会在控制台显示"我点击到了 ZEBRA"；展示狮子图片会显示狮子的 3D 模型，点击狮子的 3D 模型，会在控制台显示"我点击到了 LION"；展示奶牛图片会显示奶牛的 3D 模型，点击奶牛的 3D 模型，会在控制台显示"我点击到了

COW"，如图 8-45 所示。这表明已经通过射线完成对选定物体的判断。

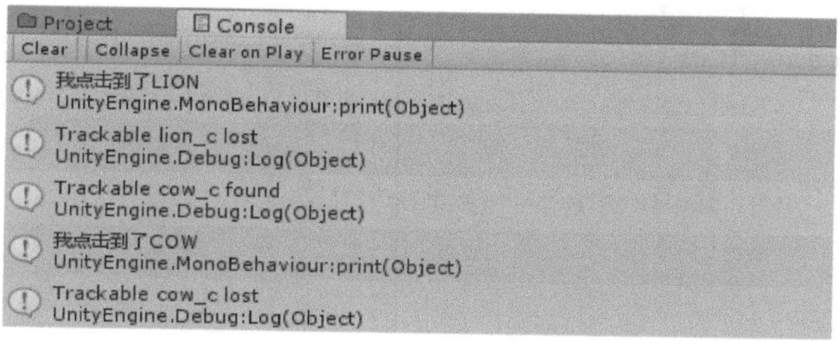

图 8-45　判断点击物体

### 8.4.4　播放点击对象的中文名

上面已经通过射线判定出点击的是哪个对象，下面修改 Select_Target.cs 脚本，使得点击不同对象时能播放其中文名。

（1）首先添加下面两个变量，创建 Select_Target 类的静态单例，创建 AudioSource 变量 AudioManagerPlay。

```
1.        public static Select_Target instance;
2.        public AudioSource AudioManagerPlay;
```

（2）创建 Awake()函数，并添加语句对静态单例进行初始化。

```
1.   void Awake()
2.   {
3.       instance = this;
4.   }
```

（3）在 Select_Target.cs 脚本中添加 PlayAudio()函数，判断碰撞到的对象的名字，根据点击的对象不同，选择不同的音频进行播放。

```
1.   void PlayAudio(GameObject hittarget)
2.   {
3.       switch (hittarget.name) {
4.       case "LION":
5.           AudioManagerPlay.clip = AudioManager.instance.audio_name_
china [0];
6.           AudioManagerPlay.Play ();
7.           break;
8.       case "ZEBRA":
9.           AudioManagerPlay.clip = AudioManager.instance.audio_name_
china [1];
```

```
10.            AudioManagerPlay.Play ();
11.            break;
12.        case "COW":
13.            AudioManagerPlay.clip = AudioManager.instance.audio_name_
china [2];
14.            AudioManagerPlay.Play ();
15.            break;
16.        }
17.    }
```

【程序代码说明】

第 3 行：switch 中判断的是射线碰到的碰撞体的名字。

第 4～6 行：如果碰撞体的名字是 LION，则播放 audio_name_china [0]。

（4）给上面函数中涉及的 audio_name_china 数组赋值，在 Hierarchy 面板中选中 playaudio，展开对应的 Inspector 面板的 Audio Manager 组件，为 audio_name_china 赋值。从 Projcet 面板中将狮子、斑马、奶牛这 3 个中文名称的音频文件拖拽到 Audio_name_china 栏中，如图 8-46 所示。

图 8-46　中文名数组赋值

（5）在 Select_Target.cs 脚本的 Update 函数里添加语句，使得当有物体被点中时，调用 PlayAudio()函数。

```
1.    PlayAudio (hitGameObject);
```

（6）在 Hierarchy 面板中选中 ARCamera 对象，将 Hierarchy 面板的 playaudio 对象拖进 ARCamera 对象的 Audio Manager Play 中，如图 8-47 所示。

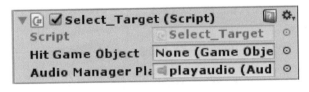

图 8-47　变量赋值

（7）运行软件进行测试，展示不同的图片会出现不同的动物模型。点击狮子，会播放狮子的中文名；点击斑马，会播放斑马的中文名；点击奶牛，会播放奶牛的中文名。

## 8.4.5  播放点击对象的语音介绍

（1）修改 UIManager.cs 脚本，注释掉 DoMyWindow 函数里的部分语句，并添加代码如下。

```
1.   void DoMyWindow (int window)
2.   {
3.       ......
4.       if (openAudio) {
5.           openAudio = false;
6.           //audioPlayer.clip = lion_show;
7.           //audioPlayer.clip = AudioManager.instance.audio_show[1];
8.           //audioPlayer.Play ();
9.           switch (Select_Target.instance.hitGameObject.name) {
10.          case "LION":
11.              audioPlayer.clip = AudioManager.instance.audio_show
[0];
12.              audioPlayer.Play ();
13.              break;
14.          case "ZEBRA":
15.              audioPlayer.clip = AudioManager.instance.audio_show
[1];
16.              audioPlayer.Play ();
17.              break;
18.          case "COW":
19.              audioPlayer.clip = AudioManager.instance.audio_show
[2];
20.              audioPlayer.Play ();
21.              break;
22.          }
23.      }
24.      ......
25.  }
```

【程序代码说明】

第 9 行：switch 中判断的是射线碰到的碰撞体的名字，通过调用 Select_Target 类静态变量 instance 来获得碰撞体的名字。

第 10～12 行：如果碰撞体的 name 是 LION，则播放 AudioManager 类中数组 audio_show 的第 0 个音频。

（2）运行软件进行测试。单击斑马 3D 模型，会先播放斑马中文名，然后单击"语音介绍"按钮，会播放斑马的语音介绍；单击狮子 3D 模型，会先播放狮子中文名，然后单击"语音介绍"按钮，会播放狮子的语音介绍。奶牛也同理。

展示不同图片，会显示不同的 3D 模型。点击不同的模型，会先播放它的中文名称，再单击"语音介绍"按钮，会播放相应对象的语音介绍。可以在多个模型间切换，播它们的名称和语音介绍。

### 8.4.6　显示点击对象的文字介绍

（1）修改 UIManager.cs 脚本，在脚本头部添加字符串类型的 List 集合：

```
1. public List<string> animal_text = new List<string> ();
```

（2）选中 Hierarchy 面板中的 ARCamera，在 Inspector 面板中为 UI Manager 脚本组件中的 Animal_text 变量赋值，先将 Size 设置为 3，然后设置 Element 0～Element 2 的值，如图 8-48 所示。

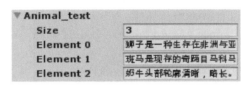

图 8-48　为文本数组赋值

（3）回到 UIManager.cs 脚本中，找到 DoMyWindow()函数中的 if(openText)语句，先注释掉原 GUILayout.Label(lion_text); 并添加代码如下。

```
1.  void DoMyWindow (int window)
2.  {
3.      ......
4.      if (openText) {
5.          //GUILayout.Label (lion_text);
6.          switch (Select_Target.instance.hitGameObject.name) {
7.          case "LION":
8.              GUILayout.Label (animal_text[0]);
9.              break;
10.         case "ZEBRA":
11.             GUILayout.Label (animal_text[1]);
12.             break;
13.         case "COW":
14.             GUILayout.Label (animal_text[2]);
15.             break;
16.         }
17.     }
18.     ......
```

```
19.      }
20. }
```

**【程序代码说明】**

第 6 行：switch 中判断的是射线碰到的碰撞体的名字，通过调用 Select_Target 类静态变量 instance 来获得碰撞体的名字。

第 7～8 行：如果碰撞体的 name 是 LION，则显示 animal_text[0]。

（4）运行软件进行测试，展示不同图片出现不同模型。点击斑马模型，再单击"文字介绍"按钮，会在 Window 下方显示"斑马……"文字介绍。点击狮子模型，再单击"文字介绍"按钮，会在 Window 下方显示"狮子……"文字介绍。点击奶牛模型，再单击"文字介绍"按钮，会在 Window 下方显示"奶牛……"文字介绍。

（5）将软件进行发布，安装到手机上，可识别狮子、斑马、奶牛图片，并播放它们的中文名字；单击"文字介绍"按钮，会在 Window 中显示被点击模型的文字内容，单击"语音介绍"按钮，会播放被点击模型的语音介绍。

## 8.4.7　播放点击对象的各种动画

每一个 3D 动物模型自身附带有多种动画，下面实现获取一个 3D 模型的所有动画，并且为其自动创建按钮，通过单击按钮能查看 3D 动物模型的各种动画。

**步骤 1** 获取动画列表

（1）创建脚本文件 **THEANIMAL.cs**，打开文件进行编辑。

```
1.  using System.Collections;
2.  using System.Collections.Generic;
3.  using UnityEngine;
4.  public class THEANIMAL : MonoBehaviour
5.  {
6.      public List<AnimationClip> theaction_name = new List
<AnimationClip> ();
7.      void Start ()
8.      {
9.          foreach (AnimationState animationState in this.
GetComponent<Animation>()) {
10.             theaction_name.Add (animationState.clip);
11.         }
12.     }
13.     void Update ()
14.     {
15.
16.     }
17. }
```

【程序代码说明】

第 6 行：创建类型为 AnimationClip 的对象集合。

第 9～10 行：遍历对象的 Animation 组件，获取动画列表添加到 theaction_name 集合。

（2）将该脚本添加到 Hierarchy 面板的 LION、ZEBRA 和 COW 三个对象上，效果如图 8-49 所示。可以看到 Theaction_name 的 Size 为 0。

（3）运行软件进行测试，只需要在 Hierarchy 面板中单击 LION 等对象，会发现 Theaction_name 已经被自动赋值，效果如图 8-50 所示。表明已经自动获得各 3D 模型的动画列表。

图 8-49　添加脚本组件

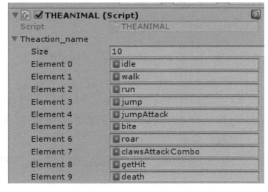

图 8-50　获取动画列表

**步骤 2** 修改 UIManager.cs 脚本

根据前面获取的动画列表，自动增加动画列表按钮。另外修改窗口大小和显示方式，窗口不再一直显示在屏幕上，而是单击 3D 模型的时候显示窗口，单击"关闭窗口"按钮时可以将窗口关闭。完整的 UIManager.cs 脚本如下。

```
1.  using System.Collections;
2.  using System.Collections.Generic;
3.  using UnityEngine;
4.  public class UIManager : MonoBehaviour
5.  {
6.      public Rect window01 = new Rect (0, 0, 600, 600);
7.      public AudioSource audioPlayer;
8.      public bool openText = false;
9.      public bool openAudio = false;
10.     public bool closeAudio = false;
11.     public List<string> animal_text = new List<string> ();
```

```
12.
13.    public bool toggleImg = false;
14.    public bool openWindows = false;
15.    [Range (0, 300)]
16.    public int button_with = 200;
17.     [Range (0, 50)]
18.    public int button_heigh = 25;
19.
20.    void Start ()
21.    {   }
22.    void Update ()
23.    {   }
24.    void OnGUI ()
25.    {
26.        if (openWindows) {
27.            window01 = GUI.Window (0, window01, DoMyWindow, "My
Windows");
28.        }
29.    }
30.    void DoMyWindow (int window)
31.    {
32.        GUILayout.BeginHorizontal ();
33.        if (GUILayout.Button ("文字介绍", GUILayout.Width (100),
GUILayout.Height (50))) {
34.            openText = !openText;
35.        }
36.        if (GUILayout.Button ("语音介绍", GUILayout.Width (100),
GUILayout.Height (50))) {
37.            openAudio = true;
38.        }
39.        if (GUILayout.Button ("关闭语音介绍", GUILayout.Width (100),
GUILayout.Height (50))) {
40.            closeAudio = true;
41.        }
42.        if (GUILayout.Button ("关闭窗口", GUILayout.Width (100),
GUILayout.Height (50))) {
43.            openWindows = false;
44.        }
45.        GUILayout.EndHorizontal ();
46.
47.        if (openText) {
48.            switch (Select_Target.instance.hitGameObject.name) {
49.            case "LION":
```

```
50.                    GUILayout.Label (animal_text [0]);
51.                    break;
52.               case "ZEBRA":
53.                    GUILayout.Label (animal_text [1]);
54.                    break;
55.               case "COW":
56.                    GUILayout.Label (animal_text [2]);
57.                    break;
58.               }
59.
60.          }
61.      if (openAudio) {
62.          openAudio = false;
63.          switch (Select_Target.instance.hitGameObject.name) {
64.          case "LION":
65.              audioPlayer.clip = AudioManager.instance.audio_
show [0];
66.              audioPlayer.Play ();
67.              break;
68.          case "ZEBRA":
69.              audioPlayer.clip = AudioManager.instance.audio_
show [1];
70.              audioPlayer.Play ();
71.              break;
72.          case "COW":
73.              audioPlayer.clip = AudioManager.instance.audio_
show [2];
74.              audioPlayer.Play ();
75.              break;
76.          }
77.      }
78.      if (closeAudio) {
79.          closeAudio = false;
80.          audioPlayer.Stop ();
81.      }
82.
83.      GUI.DragWindow (new Rect (0, 0, 150, 50));
84.
85.      GUILayout.Label ("动画播放列表", GUILayout.Width (300),
GUILayout.Height (30));
86.      toggleImg = GUILayout.Toggle (toggleImg, "是否循环动画",
GUILayout.Width (300), GUILayout.Height (50));
87.      GUILayout.Space (5);
```

```
88.              if (toggleImg)
89.                  Select_Target.instance.hitGameObject.GetComponent
<Animation> ().wrapMode = WrapMode.Loop;
90.              else
91.                  Select_Target.instance.hitGameObject.GetComponent
<Animation> ().wrapMode = WrapMode.Once;
92.
93.              if (Select_Target.instance.hitGameObject != null) {
94.                  for (int i = 0; i < Select_Target.instance.hitGameObject.
GetComponent<THEANIMAL> ().theaction_name.Count; i++) {
95.                      GUILayout.BeginVertical ();
96.
97.                      if (GUILayout.Button (Select_Target. instance.
hitGameObject.GetComponent<THEANIMAL> ().theaction_name [i].name, GUILayout.
Width (button_with), GUILayout.Height (button_heigh))) {
98.                          Select_Target.instance.hitGameObject.
GetComponent<Animation> ().clip = Select_Target.instance.hitGameObject.
GetComponent<THEANIMAL> ().theaction_name [i];
99.
100.                         Select_Target.instance.hitGameObject.
GetComponent<Animation> ().wrapMode = WrapMode.Once;
101.
102.                         Select_Target.instance.hitGameObject.
GetComponent<Animation> ().Play ();
103.                     }
104.                     GUILayout.EndVertical ();
105.                 }
106.             }
107.         }
108.     }
```

【程序代码说明】

第 13 行：public bool toggleImg = false;用于控制是否循环播放动画。

第 14 行：public bool openWindows = false;用于控制是否打开窗口。

第 26~28 行：当 openWindows=true 时才打开窗口。

第 32~45 行：从 GUILayout.BeginHorizontal ();到 GUILayout.EndHorizontal ();用于控制控件横向布局。

第 86 行：用于创建一个复选框，如果勾选该复选框，toggleImg=true。

第 88~91 行：如果 toggleImg=true，设置循环播放动画，否则只播放一次动画。

第 93~104 行：选中一个对象，根据获取的该对象的动画列表创建按钮，按钮纵向布局。

第 98~102 行：用于设置动画剪辑和播放动画剪辑。

**步骤 3** 修改 Select_Target.cs 脚本

（1）添加 UIManager 类型的变量 UIManager_Object

```
1.  public UIManager UIManager_Object;
```

（2）在 Start()函数中初始化 UIManager_Object

```
1.  UIManager_Object = this.GetComponent<UIManager> ();
```

（3）添加语句 UIManager_Object.openWindows = true;表示射线碰到 3D 碰撞体后，设置 openWindows 为 true，使得点击 3D 模型后才打开窗口。

```
1.  void Update () {
2.      if (Input.GetMouseButtonDown (0))
3.      {
4.          ray = Camera.main.ScreenPointToRay (Input.mousePosition);
5.          if (Physics.Raycast (ray, out hit))
6.          {
7.              print ("我点击到了" + hit.collider.name);
8.              hitGameObject = hit.collider.gameObject;
9.              PlayAudio (hitGameObject);
10.             UIManager_Object.openWindows = true;
11.         }
12.     }
13. }
```

**步骤 4** 运行测试

现在运行软件后启动了摄像头，没有显示出窗口。当展示图片的时候，会显示动物的 3D 模型，点击 3D 模型才会显示出窗口，效果如图 8-51 所示。单击"关闭窗口"按钮会关闭该窗口。

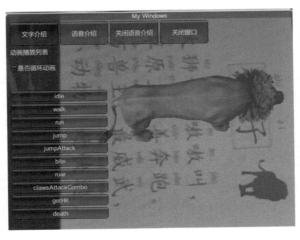

图 8-51　播放点击对象的动画

窗口横向排放四个按钮，分别是"文字介绍""语音介绍""关闭语音介绍"和"关闭窗口"。下面是纵向排放的动画列表按钮，单击按钮可以播放对应的动画，单击按钮后默认只播放一次动画，勾选"是否循环动画"复选框后，会循环播放对应的动画。

## 知 识 总 结

自动创建动画列表按钮的框架如下。

```
1.  for (int i = 0; i < Select_Target.instance.hitGameObject.
GetComponent<THEANIMAL> ().theaction_name.Count; i++) {
2.          GUILayout.BeginVertical ();
3.
4.          if (GUILayout.Button (Select_Target.instance.
hitGameObject.GetComponent<THEANIMAL> ().theaction_name [i].name, GUILayout.
Width (button_with), GUILayout.Height (button_heigh))) {
5.                  ......
6.          }
7.          GUILayout.EndVertical ();
8.  }
```

【程序代码说明】

第 1 行：Select_Target.instance.hitGameObject.GetComponent<THEANIMAL>().theaction_name.Count 返回选中对象的动画数量。

第 4 行：GUILayout.Button (Select_Target.instance.hitGameObject.GetComponent <THE-ANIMAL> ().theaction_name [i].name, GUILayout.Width (button_with), GUILayout.Height (button_heigh))用于创建按钮，按钮上的文本就是动画名。

第 2 行、第 7 行用于控制按钮的布局方式为纵向排列。

### 试一试

（1）请为窗口添加"英文名字"按钮，点击不同对象能够播放对应的英文名。

（2）请自行设计一款 3D AR 软件，模型、音频、文本都自行准备，可以是植物模型、角色模型等。注意作品要有教育意义，讲授自然科学知识或者讲授社会科学人文知识，要求：至少有两种模型，每种模型都有动画；可以识别多张图片；点击对象可以弹出窗口；点击不同的对象可以对相应的对象进行介绍；可以进行语音、文本介绍；可以播放模型的动画；为模型之间添加交互功能。最终将项目发布成*.apk格式的文件。

# 第五部分　全景软件开发综合实例篇

本部分用两章对三维全景技术进行了详细介绍。

首先，详细解析了三维全景技术，涉及全景图概述、全景图拍摄、全景图后期制作和三维全景技术等知识。通过第一部分内容的介绍，使读者对全景图有一个深入认识，掌握全景图制作的相关方法。

其次展示了校园全景漫游软件的开发全流程，是对三维全景技术的综合应用。读者通过制作校园漫游软件，了解天空盒的相关设置方法，编写脚本控制摄像机上下左右查看全景图；编写脚本实现动态加载和切换全景图；为各场景制作地标及详细介绍信息，实现地标和详细介绍信息的动态呈现效果；为校园漫游软件制作地图以便进行导航操作，再添加摄像机视野图方便用户观察角度。

# 第 9 章　三维全景技术

以往，人们通常采用三维建模技术来完成虚拟场景的创建，但这种方法具有耗时较长且效率较低等缺点。三维全景技术是近年来迅速发展并逐步流行的一个虚拟现实分支，该技术利用照相方式，对环境或物体对象进行全方位的摄像，然后将各个角度的照片进行后期缝合并添加交互，具备了相对完整的真实感，从而给用户带来全新的真实现场感和交互式的体验，得到了广泛应用。

## 9.1　全景图概述

全景图概述的相关知识内容如下。

### 9.1.1　全景图的概念

三维全景图（又称全景照片，英文为 Panorama）是指大于人的双眼正常有效视角（大约水平 90°，垂直 70°）或双眼余光视角（大约水平 180°，垂直 90°）以上，乃至 360°完整场景范围拍摄的照片，如图 9-1 所示。

图 9-1　三维全景图

### 9.1.2　全景图的分类

根据全景图外在的表现形式，可以分为柱形全景图、球形全景图、立方体全景图和物体全景图。

1. 柱形全景图

柱形全景图是一种以节点为中心,具有一定高度的圆柱形的平面,平面外部的景物投影在这个平面上,如图 9-2 所示。用户可以在全景图像中进行浏览,水平方向上可以在左右 360°的范围内任意切换视线,也可以在一个视线上改变视角,来取得接近或远离的效果。但是上下拖动鼠标时,视野将受到限制,习惯上称为"上看不到天顶,下也看不到地"。

柱形全景图一般采用标准镜头的数码或光学相机拍摄照片,其纵向视角小于 180°,真实感有限,但制作简单,属于全景图的早期模式应用。

图 9-2　柱形全景图

2. 球形全景图

球形全景图是一种全景图像技术,水平视角 360°,垂直视角 180°,即全视角,如图 9-3 所示。观察者立足于球体的中心,通过鼠标、键盘的操作,可以观察任何一个角度场景,让人置身于虚拟环境之中。制作球形全景图需要使用专业的摄影设备和后期处理技术。在拍摄过程中,需要保证相机的稳定性和拍摄角度的准确性,同时考虑光照和色彩等因素。在后期处理中,需要将拍摄的多张照片拼接成一张完整的球形全景图,并且进行色彩调整、畸变校正等操作,以呈现出最佳的视觉效果。

图 9-3　球形全景图

3. 立方体全景图

立方体全景图是另外一种实现全景视角的拼合技术，视角也为水平 360°，垂直 180°。立方体全景图的基本原理是将 6 张图片按照前后左右上下 6 个方向进行排列，形成一个立方体结构，如图 9-4 所示。这 6 张图片通常是在立方体的 6 个面上分别拍摄或者通过软件生成的，然后将这 6 个面合成为一个虚拟的全景空间。在这个全景空间中，观察者可以自由地改变自己的观察点，以从不同的角度观看这个全景空间中的景象。

图 9-4　立方体全景图

在制作立方体全景图时，通常需要使用专业的全景摄影设备，如鱼眼镜头或广角镜头，将多个拍摄好的图像拼接到一起，形成一个连续的、高分辨率的图像。需要注意的是，在制作立方体全景图时，需要考虑图像拼接的精度和色彩的一致性，以保证最终生成的图像质量。此外，在将不同面组合在一起时，需要考虑透视变形和视觉误差的问题，以确保最终呈现场景的真实感和准确性。

4. 物体全景图

物体全景图（Object Panorama）同样为全景图的一种，是以展览的物体为中心，将物体进行全方位的展示，观察者可以从任意角度观察该物体。制作物体全景图时将照相机瞄准物体并转动物体，进行多角度旋转拍摄，最后将拍摄的多个画面拼接起来形成一个完整的图像。物体全景图可以应用于各种领域，如商品展示、文物观赏、艺术品展示等。在商品展示中，物体全景图可以将商品进行全方位的展示，让消费者可以从任意角度观察商品，增加了商品展示的效果。在文物观赏中，物体全景图可以将文物的细节和结构进行高清晰度的展示，让观赏者可以更加深入地了解文物的历史和文化价值。在艺术品展示中，物体全景图可以将艺术品的细节和结构进行全方位的展示，让观赏者可以从任意角度欣赏艺术品。

## 9.2　全景图拍摄

全景图拍摄的相关知识内容如下。

### 9.2.1　拍摄设备

拍摄设备包括数码相机、鱼眼镜头、全景相机及全景云台等。

#### 1. 数码相机

数码相机是利用电子传感器将光学影像转换成电子数据的照相机。按用途，数码相机可分为单反相机、微单相机、卡片相机、长焦相机和家用相机等。与普通照相机在胶卷上靠溴化银的化学变化来记录图像的原理不同，数码相机的传感器是光感应式的电荷耦合器件（CCD）或互补金属氧化物半导体（CMOS）。数码相机有拍摄成本低、成像快、可直接进行数字化编程等优点，因而广泛应用于全景技术。

目前除了专用的数码相机，许多电子设备也有拍照的功能，如智能手机等，也可以用于全景图的拍摄。

#### 2. 鱼眼镜头

普通的 35mm 相机镜头所能拍摄的范围约为水平 40°，垂直 27°。如果采用普通数码相机拍摄的图像制作 360°×180° 的全景图像，需要拍摄多张，这将导致拼缝太多而过渡不自然，因而需要水平和垂直角度都大于 180° 的超广角镜头。

鱼眼镜头是一种焦距为 16mm 或更短、视角接近或等于 180° 的镜头。它是一种极端的广角镜头，"鱼眼镜头"是它的俗称。为使镜头达到最大的摄影视角，这种摄影镜头的前镜片直径很短且呈抛物状向镜头前部凸出，与鱼的眼睛颇为相似，"鱼眼镜头"因此得名。

鱼眼镜头与传统镜头相比视角范围大，一般可达到 180° 以上；焦距很短，会产生特殊变形效果，焦距越短，视角越大，光学原理所产生的变形也就越强烈；景深长，在 1m 距离以外，景深可达无限远，有利于表现照片的大景深效果。

#### 3. 全景相机

全景相机的原理是通过多个摄像头同时拍摄同一场景，然后将这些照片拼接在一起，形成一张完整的全景照片。这些摄像头可以是同一种型号的，也可以是不同型号的。在拍摄时，这些摄像头需要保持一定的角度和距离，以确保拍摄出的照片可以完美地拼接在一起。全景照相机的优点如下。

- 拍摄范围广：全景相机可以拍摄出一张完整的全景照片，让人们可以更加真实地感受到拍摄场景的全貌。
- 拍摄效果好：由于全景相机可以同时拍摄多张照片，然后将这些照片拼接在一起，所以拍摄出的照片可以保持高清晰度和高质量。
- 操作简单：全景相机的操作非常简单，只需要按下快门即可完成拍摄。

图 9-5 所示为泰科易 TECHE TE720Pro 1.12 亿像素全景相机，在鱼眼镜头的边缘，每一颗像素都要承受几十倍的变形拉伸，TE720Pro 采用超大视角鱼眼镜头，7 枚超广角镜头覆盖 360°全视野，7 组 2K 超清视频最终拼合 8K 全景视频。由于底部全新镜头组的加入，使得 TE720Pro 成为一款 360°无死角全景相机，高达 1600W 像素的底部镜头，进一步提升了专业性能与成像水平，同时也带来了更加丰富的拍摄应用以及更便捷的后期处理流程。

图 9-5　全景相机

4. 全景云台

全景云台的主要作用是保证镜头的光学中心（节点）在转动拍摄场景时，始终保持在同一个位置。这对于拍摄全景照片来说非常重要，因为只有保证节点的稳定性，才能使相邻拼接的两张照片重叠部分的远近景没有发生位移变化，从而保证全景拼接的完美无瑕。

全景云台具备两大功能：可以调节镜头节点在一个纵轴线上转动（这个非常重要，一般云台是没有办法转到 90°拍摄天与地的）；可以让相机在水平面上进行水平转动拍摄，从而达到使相机拍摄节点在三维空间中的一个固定位置进行拍摄，保证相机拍摄出来的图像可以拼合成 360°的影像。

以 720 云的两款全景云台举例，如图 9-6 所示。720 云自主研发了两款云台，一个是第 4 代云台，另一个是旅行版云台。两款全景云台的相同点是：垂直旋转轴（即俯仰轴）处设有刻度标记，并且在转动到相应角度会有触感，这就方便摄影师在垂直方向精准定位旋转；带有防垂快装板，加高弧形防垂挡边，有效防止相机下垂现象；独立的外翻补地套件，下方三脚架不再挡住地面，补地拍摄更加方便；分度台采用触感定位，不需要低头看度数，设置好刻度每转一下会有咔哒的触感回馈，可以实现盲拍效果。区别在于第 4 代云台包含 10 档分度台，可以设置水平旋转 5°、10°、11.25°、22.5°等 10 个不同旋转度数的触感定位。俯仰轴 5°触感设计，可满足摄影师多种拍摄需求。旅行版云台携带方便，操作简单，有 36°、45°、60°3 挡分度台，适合绝大多数全景拍摄。

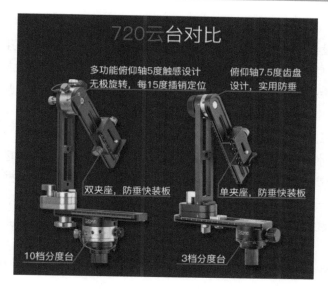

图 9-6　全景云台

## 9.2.2　拍摄要求

全景图的拍摄数量要求取决于拍摄设备、拍摄技巧和后期拼接的处理方式等因素。

### 1. 拍摄数量

在拍摄距离不变的情况下，所使用的镜头视角越大，拍摄的张数越少。如果使用手机拍摄，手机镜头的等效焦距为 28 毫米，对应的视角是 75°。想要拍摄 360°×180° 的画面，且还要保证每相邻两张照片有 25% 的重合，记录横轴方向 1 圈至少需要镜头每旋转 36° 就记录 1 张照片，合计记录 10 张照片。竖边的视场角为 60°，需要上仰 45°、水平 0°、下俯 45° 拍摄 3 圈，每 1 圈旋转 36° 就拍摄 1 张照片，共拍摄 10 张照片，还需要进行垂直补天和补地拍摄，合计需要拍摄 34 张（3 圈共 30 张照片+补天两张照片+补地两张照片）照片，才能拼合成一个完整的全景图。

不同焦距的镜头拍摄全景照片对应的拍摄张数如表 9-1 所示。

表 9-1　拍摄数量

| 镜头类型 | 需要拍摄的张数 | 转动角度 |
| --- | --- | --- |
| 8 毫米鱼眼镜头 | 4 张 | 90° |
| 12 毫米鱼眼镜头 | 5 张 | 72° |
| 14 毫米鱼眼镜头 | 6 张 | 60° |
| 15 毫米鱼眼镜头 | 6 张 | 60° |
| 16 毫米鱼眼镜头 | 6 张 | 60° |
| 18 毫米鱼眼镜头 | 24（8+8+8）张 | 45° |
| 24 毫米鱼眼镜头 | 30（10+10+10）张 | 36° |

2. 拍摄方式

1）手持拍摄设备拍摄全景照片时，要确保站在同一个点。当转身拍每张照片时，要让照相机非常靠近身体。拍摄时要竭力去模仿有三脚架的环境，尽量把照相机端平端稳，绕着一个点转。拍摄的张数可以在表 9-1 的数值基础上适当多拍摄几张，以提高重合度便于拼接。

2）使用普通三脚架（无全景云台）拍摄全景照片时，要保持在一个水平面上旋转照相机，建议用一个水准器检测，尽可能地让三脚架的顶部保持水平。室内的拍摄高度一般为人站立后的眼睛高度（相机镜头与摄影师的眼睛齐平即可），但根据场景的不同，机位也要相应地调整。一般说来，开阔的地方建议机位高一些，空间狭小的地方建议机位低一些。旋转拍摄时，注意观察取景框中的参照物，保证每张照片与前一张照片具有一定的重合区域。

3）使用三脚架+全景云台拍摄全景照片时，首先要进行全景云台的调节和设置。通过全景云台的分度台进行定位，分度台一般具有多个档位，如 5°、11.5°、18°、30°、36°、45°、60°、72°和 90°等。全景云台调节完以后，按照使用普通三脚架的注意事项进行拍摄即可。

3. 补地拍摄

在向下倾斜拍摄和垂直拍摄时，镜头可能会记录下带有三脚架或全景云台的画面，这时全景的地面就被三脚架和全景云台遮挡了，需要通过一些补地方法将被三脚架和全景云台遮挡的画面记录下来，便于后期照片拼接时进行修补，拍摄时尽量与正常拍摄节点位置重合。

如果没有进行补地拍摄，也可通过后期制作工具中的补地遮罩进行遮挡，或使用 Photoshop 软件中的工具（智能填充、仿制印章等）制作、修补地面，或者将地面进行视角锁定，或者用 LOGO 图标覆盖等。

# 9.3  全景图后期制作

任务要求

PTGui 是目前主流的全景拼图软件，它是多功能全景制作工具 Panorama Tools 的一个图形用户界面。PTGui 通过为全景制作工具（Panorama Tools）提供图形用户界面（GUI）来实现对图像的拼接，从而创造出高质量的全景图像。图 9-7 和图 9-8 所示为拼接后的全景图多种导出效果。

本任务使用 PTGui 工具对拍摄的照片进行拼接，在使用 PTGui 工具的时候，首先需要加载图像，然后对准图像，最后完成全景图的制作。另外，本任务使用 PTGui 查看器播放全景图预览效果。除此之外，本任务还将学习全景图的转换方法。

图 9-7　小行星投影

图 9-8　等距圆柱投影

通过完成任务达成以下的目标：

- 为后续的三维全景技术做好准备。
- 掌握全景图的制作方法。

## 9.3.1　创建全景图

全景图片的拼接主要有加载图像、对准图像和创建全景图三大步骤，如图 9-9 所示。

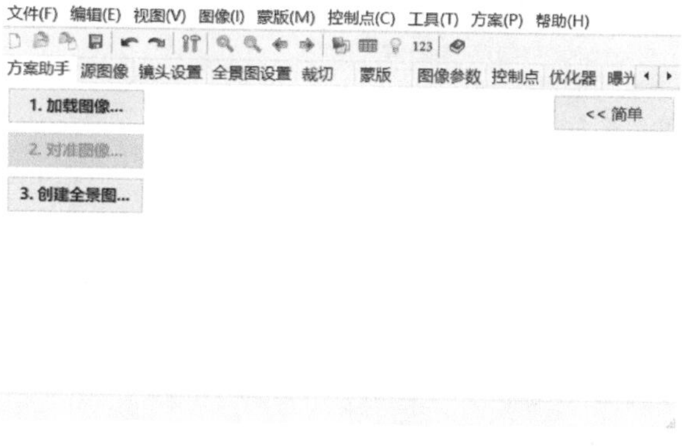

图 9-9　全景图拼接步骤

**步骤 ①** 加载图像

（1）单击"1.加载图像"按钮，在弹出的"添加图像"对话框中选中需要的照片（1.jpg～37.jpg），单击"打开"按钮即可加载全部照片，如图 9-10 所示。

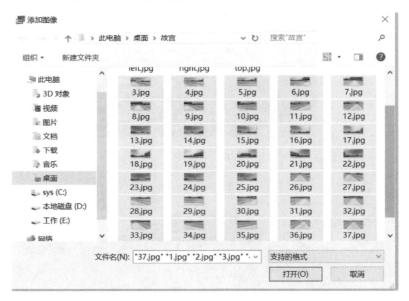

图 9-10　加载图像

（2）加载图像时会自动获取相机/镜头参数，如图 9-11 所示。如图像摆放不正，可以使用右侧的两个"旋转"图标按钮调整图像位置。

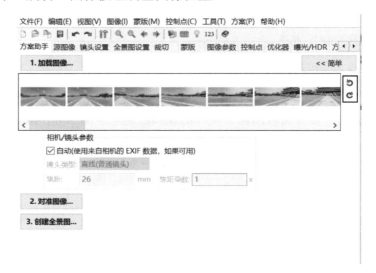

图 9-11　摆正图像

（3）导入成功后可以在"源图像"面板中使用下方的"上移""下移"按钮调整图像的顺序，使用"添加""移除"按钮更换图像，如图 9-12 所示。

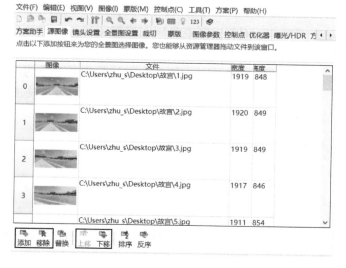

图 9-12 "源图像"面板

**步骤 2** 对准图像

（1）调整完成后返回"方案助手"面板，单击"2.对准图像"按钮进行图像的分析和对准，如图 9-13 所示。

（2）分析完成后自动弹出"全景图编辑器"窗口，在其中可以查看拼接效果，单击"编辑个别图像"按钮可以查看每一幅原图的拼接区域，如图 9-14 所示。

图 9-13 分析图像

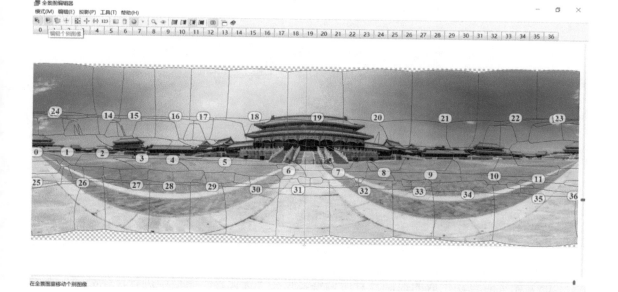

图 9-14 "全景图编辑器"窗口

（3）在拍摄全景图时，相邻图片至少有 25% 的重叠部分，软件会依据相邻图片重叠部分，通过自动或手动方式添加、调整控制点来识别拼接图片，控制点的准确度直接影响了拼接的效果。打开"控制点"面板，其中左侧窗口显示第 0 张图，右侧窗口显示第 1 张图，可以看到左右两张图中有一些彩色小方块，这些小方块是相互对应的，由软件自动识别的相同位置的控制点，如图 9-15 所示。另外可以看到有些图的编号是加粗的，说明这些图和第 0 张图是相邻的，即存在重叠区域。

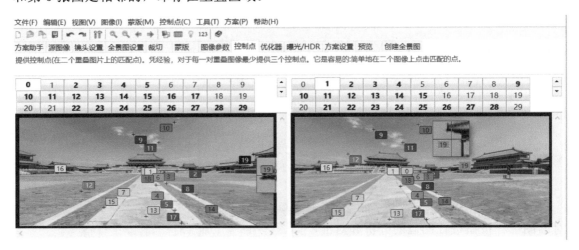

图 9-15  "控制点"面板

（4）如果软件不能自动识别相邻图中的控制点，需要在左右图中通过单击来进行手动添加。在"控制点"面板中也可以单击鼠标右键，在弹出的快捷菜单中选择删除识别错误控制点的命令，从而对相邻图的控制点进行删除、移动等操作，如图 9-16 所示。

图 9-16  删除识别错误控制点

（5）如果对自动生成的控制点有所调整，则在"优化器"面板中进行优化处理，在弹出的"优化结果"对话框中单击"确定"按钮，新的控制点才会生效，如图 9-17 所示。

图 9-17 "优化结果"对话框

**步骤 3** 创建全景图

（1）在"全景图设置"面板中设置全景图的投影模式，如图 9-18 所示。PTGui 默认导出的全景图投影模式为"等距圆柱（适用球面全景图）"，也可根据需求选择其他投影模式。

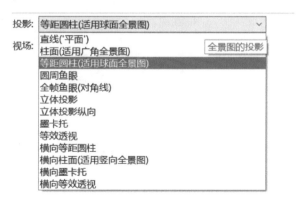

图 9-18 设置全景图投影模式

（2）在"创建全景图"面板中根据需求设置全景图尺寸、品质、文件格式、图层和输出文件的存放路径，如图 9-19 所示。设置完成后单击"创建全景图"按钮，将会弹出拼接全景图的进度条，完成后即可得到全景图。

方案助手 源图像 镜头设置 全景图设置 裁切 蒙版 图像参数 控制点 优化器 曝光/HDR 方案设置 预览 创建全景图
现在拼接器将为您创建全景图。PTGui 能够创建分离图层的全景图(每个源图像被转换到输出文件的分离图层)，或混合结果到单独的图像。

| 宽度: | 16000 | 像素 | □ 保持纵横比 | |
|---|---|---|---|---|
| 高度: | 8000 | 像素 | 设置优化尺寸 | 元数据... |
| 文件格式: | JPEG(.jpg) ⌄ | | 设置: | 品质: 100% |
| 图层: | 仅混合全景图 ⌄ | | | |
| 输出文件: | C:\Users\zhu_s\Desktop\故宫\1 Panorama.jpg | | | ☑ 使用默认 浏览... |

创建全景图    保存并发送到批量拼接器    在 GPU(GeForce MX150)上拼接。 设置...

高级

包含图像:

| 图像 0 | ☑ |
|---|---|
| 图像 1 | ☑ |
| 图像 2 | ☑ |
| 图像 3 | ☑ |

拼接使用: PTGui ⌄        恢复默认值
混合使用: PTGui ⌄
羽化:    锐利 ▮    柔和
插补器: 默认 ⌄

图 9-19　设置和创建全景图

### 9.3.2　播放全景图

播放全景图的具体操作步骤如下。

（1）选择"工具"菜单下的"PTGui 查看器"命令，如图 9-20 所示，将会弹出 PTGui 查看器对话框。

文件(F) 编辑(E) 视图(V) 图像(I) 蒙版(M) 控制点(C) 工具(T) 方案(P) 帮助(H)

方案助手 源图像 镜头设置 全景图设置 裁切 蒙版            预览

1. 加载图像...

2. 对准图像...

3. 创建全景图...

| 选项... | Ctrl+P |
|---|---|
| 发布到网页... | Ctrl+Alt+W |
| 转换到 QTVR/立方体... | Ctrl+Shift+Q |
| 创建 PhiloSphere... | |
| 色调映射 HDR 图像... | |
| 打开文件夹 | ＞ |
| 主窗口 | Ctrl+F |
| 全景图编辑器 | Ctrl+E |
| 细节查看器 | Ctrl+Shift+D |
| 控制点表格 | Ctrl+B |
| 控制点助手 | Ctrl+Shift+A |
| 数字转换 | Ctrl+Shift+N |
| 批量拼接器 | Ctrl+Shift+B |
| 批量构造器 | Alt+Shift+B |
| PTGui 查看器 | Alt+Shift+V |

图 9-20　选择"PTGui 查看器"命令

（2）在 PTGui 查看器对话框中选择"文件"菜单下的"打开全景图"命令，选中需要的全景图后即可打开全景图进行播放浏览，如图 9-21 所示。

图 9-21 播放全景图

### 9.3.3 转换全景图

转换全景图的具体操作步骤如下。

（1）选择"工具"菜单下"转换到 QTVR/立方体"命令，将会弹出"转换到 QTVR/立方体"对话框，如图 9-22 所示。在"转换到 QTVR/立方体"对话框中单击"添加文件"按钮，在弹出的"添加文件"对话框中导入生成的全景图。之后回到"转换到 QTVR/立方体"对话框，选择"投影"模式为"等距圆柱"，"输出"类型为"立方体表面，6 个单独的文件"，设置好保存路径和图片品质。

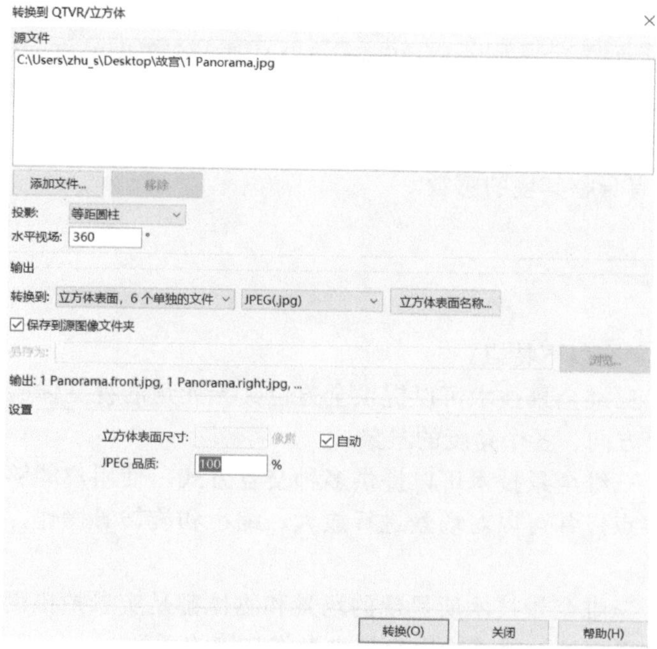

图 9-22 "转换到 QTVR/立方体"对话框

（2）在"转换到 QTVR/立方体"对话框中单击"转换"按钮，生成 6 个单独的六面体文件，如图 9-23 所示。如果源图素材缺少补天、补地的照片，生成的全景图天空和地面会有一部分缺失（黑色区域），可以使用 Photoshop 等图形图像处理软件进行补天、补地的处理。

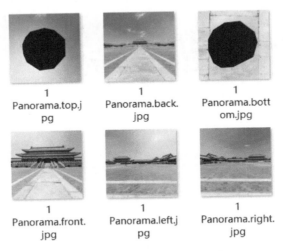

图 9-23　生成的 6 个单独文件

## 9.4　三维全景技术

三维全景技术（Three-Dimensional Panorama）是基于全景图的真实场景虚拟现实技术。该技术表现为把相机环 360°拍摄的一组或多组照片拼接成一个全景图像，通过计算机技术实现全方位、互动式观看的真实场景还原展示，具有较强的互动性，能用鼠标控制环视的方向，使浏览者有身临其境的感觉。

### 9.4.1　三维全景技术特点

三维全景技术具有以下特点。
- 视角广阔：三维全景技术可以提供全方位、无死角的视觉体验，让用户能够清晰地看到各个方向、各个角度的景象。
- 交互性强：三维全景技术可以提供多种交互方式，使用户能够自由地选择自己的视角和观察点，并可以对场景进行放大、缩小和旋转等操作，增强了用户与场景的交互体验。
- 高度逼真：三维全景技术所呈现的场景和物体都是实景拍摄而成的，具有非常高的真实感和逼真度，能够给用户带来身临其境的感觉。

- 制作成本相对较低：相对于传统的三维动画制作，三维全景技术的制作成本要低得多，而且可以重复使用，具有较强的性价比。
- 可扩展性强：三维全景技术可以与虚拟现实技术、增强现实技术等技术相结合，应用领域非常广泛，具有很强的可扩展性。

总之，三维全景技术以其独特的优势和特点，在各个领域都有广泛的应用，为人们提供了更加全面、真实和准确的视觉体验。

## 9.4.2　三维全景技术应用领域

三维全景技术可以应用于许多领域，以下是一些常见的应用领域。

- 旅游景点展示：利用三维全景技术，可以将旅游景点的实景进行拍摄并制作成全景图，游客可以通过网络或移动设备在线浏览景点的全貌，增强沉浸感和真实感。图 9-24 所示为故宫博物院的全景展示。

图 9-24　全景故宫

- 宾馆/酒店展示：宾馆/酒店可以利用三维全景技术将酒店外观、大厅、客房和会议厅等各个场所进行拍摄并制作成全景图，顾客可以通过网络在线浏览酒店的全貌，提高其对酒店的认知度和预订率。
- 房地产展示：房地产商可以利用三维全景技术将房屋外观、内部结构和周边环境等进行拍摄并制作成全景图，购房者可以通过网络或移动设备在线浏览房屋的全貌，增强对房屋的认知度和购买意愿。
- 娱乐休闲空间展示：美容会所、健身会所、咖啡厅、酒吧和餐饮等可以借助全新的全景展示技术，把环境优势清晰地传达给顾客，为超越竞争对手提供了有利条件。
- 电子商务展示：电商店铺可以利用三维全景技术将商品外观、细节等进行拍摄并制作成全景图，顾客可以通过网络或移动设备在线浏览商品的全貌，提高顾客对商品的认知度和购买意愿。

● 教育培训展示：教育部门可以使用三维全景技术制作虚拟的校园场景，让更多的老师和学生通过网络就可以身临其境地欣赏学校的美丽风光，体验良好的教学环境和教学资源。

总之，三维全景技术可以广泛应用于旅游、酒店、房地产、娱乐休闲、电子商务和教育培训等领域，为人们提供更加全面、真实和准确的视觉体验。

**试一试**

选择合适的拍摄设备，选定拍摄场地，拍摄全景图需要的照片。使用 PTGui 软件完成全景图的制作，在 PTGui 查看器中播放全景图并预览整体效果。

# 第 10 章 校园全景漫游软件

## 10.1 软件介绍

校园全景漫游软件以真实校园为整体蓝本,访问者可以自主漫游,可以改变视点环视校园,通过这些操作了解校园的布局和信息。该软件共两个场景:场景一是起始界面,场景二是校园场景。

### 10.1.1 起始界面

在起始界面中创建了一个和校园相关的背景,背景图是一幅校园全景图,左上角是标题,右下角是 Start 按钮,单击 Start 按钮可以进入校园漫游场景。起始界面效果如图 10-1 所示。

图 10-1 起始界面

### 10.1.2 校园场景

校园漫游界面左上角是一张校园地图,地图中有一些红色的标识点,单击这些标识点,可以切换到不同的校园场景进行浏览,浏览时可以控制鼠标实现环视和近距离查看,地图中的摄像机视野图标显示当前查看角度。界面右下角是一个 Back 按钮,单击该按钮可返回起始界面。图 10-2 所示为校园操场,场景中有一个含义为 Next(下一个场景)的橘色大箭头,双击 Next 箭头可以依次循环切换操场、海棠广场和艺术馆 3 个场景。Next 箭头和地图标识实现了同步操作，当前显示的场景和地图上的摄像机视野图标也是同步的，即显示哪个全景场景，摄像机视野图标就在哪个红色标识点上，如图 10-3 和图 10-4 所示。

图 10-2　操场

图 10-3　海棠广场

图 10-4　艺术馆

**（资源文件路径：Unity 3D/2D 移动开发实战教程（全彩版）\第 10 章\素材）**

## 10.2　制作起始界面

**任务要求**

本任务主要完成起始界面的制作，该界面比较简洁，背景为一张校园全景图，如图 10-5 所示。单击界面上的 Start 按钮即可进入校园漫游。

图 10-5　起始背景

通过完成任务：

● 再次熟悉 UGUI 画布（即 Canvas）的使用方法。

### 10.2.1　创建起始背景

创建起始背景的具体操作步骤如下。

**步骤 1** 新建 BG 对象

（1）新建一个 Unity 项目，在新建项目的时候选择 3D 类型，如图 10-6 所示。

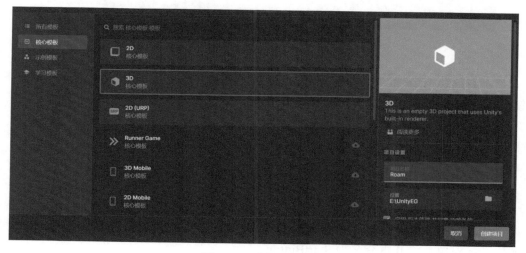

图 10-6　选择 3D 类型

245

（2）在 Windows 的资源管理器中，将本章需要的图片素材文件夹直接复制到项目的 Assets 文件夹中，即可导入所需资源。

（3）在 Hierarchy 面板中单击鼠标右键，在弹出的快捷菜单中选择 UI→Canvas 命令，创建一个新的 Canvas（画布）。执行该操作的时候除了生成一个 Canvas 外，同时自动添加了一个 EventSystem 对象。

（4）在新建的 Canvas 上单击鼠标右键，选择 UI→Image 命令，创建一个 Image 对象并将其重命名为 BG。

**步骤 2** 设置背景图片

（1）选择创建的 BG 对象，在 Project 面板的 Assets 中找到起始背景图片，将其拖曳到 Inspector 面板 Image 组件的 Soure Image 中。

> **注意**：如果图片无法拖曳到 Source Image 栏中，需要将图片转换成 Sprite(2D and UI) 类型。另外注意背景图的正面和背面，可以在 Game 面板查看效果。

（2）选择创建的 BG 对象，在 Inspector 面板中单击 Rect Transform 组件右上角的三个点图标，单击 Reset 将图片位置设置为（0，0，0），将图片大小设置为 1920×1080，如图 10-7 所示。

图 10-7　设置 BG 对象

（3）运行软件预览效果，如图片显示不完整，可在 Game 面板中单击 Free Aspect 下拉按钮，在列表中设置为 1920×1080 的显示效果，就可以完整显示背景图片了。

## 10.2.2　创建 StartButton 按钮

创建 StartButton 按钮的具体操作步骤如下。

**步骤 1** 新建 StartButton

在 Hierarchy 面板的 BG 上单击鼠标右键，在弹出的快捷菜单中选择 UI→Button 命令，创建 Button 对象并将其重命名为 StartButton。

**步骤 2** 设置 StartButton

（1）选中创建的 StartButton 对象，在 Project 面板的 Assets 中找到 tongyonganniuxiao-huang 图片，将其拖曳到 Source Image 中。

（2）选中 StartButton 对象，直接调整 StartButton 对象的大小和位置。

（3）选中 StartButton 下面的 Text 对象，输入按钮文本 Start，设置好字体大小、颜色和风格，如图 10-8 所示。

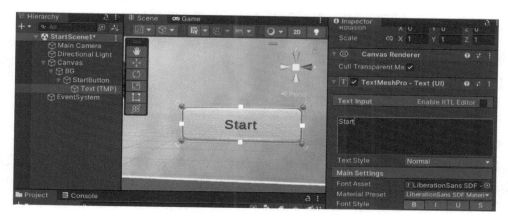

图 10-8　设置 StartButton

**步骤 3** 保存场景

到此为止，起始背景的所有元素都已经制作完成，保存该场景（StartScene）。

### 10.2.3　编写脚本

编写脚本的具体操作步骤如下。

（1）在 Project 面板空白处单击鼠标右键，在弹出的快捷菜单中选择 Create→C# Script 命令，创建脚本文件并命名为 StartUI.cs。之后双击 StartUI.cs 打开文件编写脚本，将编写好的脚本直接挂在 Canvas 上。

```
1.  using System.Collections;
2.  using System.Collections.Generic;
3.  using UnityEngine;
4.  using UnityEngine.SceneManagement;
5.  using UnityEngine.UI;
6.  public class StartUI : MonoBehaviour
7.  {
8.      private Button StartBtn;
9.      void Start()
10.     {
11.         StartBtn = GameObject.Find("StartButton").GetComponent<Button>();
```

```
12.          StartBtn.onClick.AddListener(StartBtnClicked);
13.      }
14.      void Update()
15.      {
16.      }
17.      void StartBtnClicked()
18.      {
19.          SceneManager.LoadScene("RoamScene");
20.      }
21. }
```

【程序代码说明】

第 8 行：用于定义 Button 类型对象 StartBtn。

第 11 行：用于初始化 StartBtn。

第 12 行：为按钮 StartBtn 注册 Click 事件监听器。

第 17～20 行：定义按钮单击事件处理函数，其中 SceneManager.LoadScene()函数用于切换场景。

（2）起始界面已经完成。在项目中新建一个场景，保存该场景，在新场景中制作校园漫游（RoamScene）。

（3）选择顶部菜单栏中的 File→Build settings 命令，将已完成的场景依次拖入 Scenes In Build 列表栏中后关闭，需要注意添加的次序，在本例中由 StartScene 场景切换到 RoamScene 场景，需先添加 StartScene 场景，再添加 RoamScene 场景。

（4）双击打开 StartScene 场景，运行预览，单击 Start 按钮可以切换到 RoamScene 场景。

## 10.3 静态全景图

任务要求

本任务使用全景图创建 3 个天空盒材质球，然后使用这些材质球为环境和特定摄像机设置天空盒，最后编写脚本控制摄像机上下左右查看全景图。这里的静态全景图指的是设置为特定全景图后就无法进行更换全景图的操作了。

通过完成任务达成以下目标：

● 掌握设置天空盒的两种方法。

● 掌握摄像机的控制方法。

### 10.3.1 创建天空盒

创建天空盒的具体操作步骤如下。

**步骤 ①** 创建材质球

（1）在 Unity 编辑器的 Project 面板中新建一个名为 Resources 的文件夹，用以存放动态加载的素材文件。

（2）在 Resources 文件夹中创建 3 个材质球，分别命名为 1、2、3，使用的 Material 命令位置如图 10-9 所示。

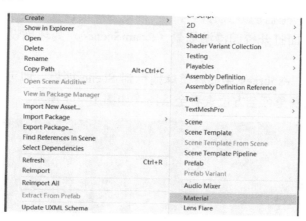

图 10-9　创建材质球

**步骤 ②** 设置材质球

（1）选中创建的材质球 1，在 Inspector 面板中设置 Shader 为 Skybox/6 Sided，Front 为"操场.front.jpg"，Back 为"操场.back.jpg"，Left 为"操场.left.jpg"，Right 为"操场.right.jpg"，Up 为"操场.up.jpg"，Down 为"操场.down.jpg"如图 10-10 所示。

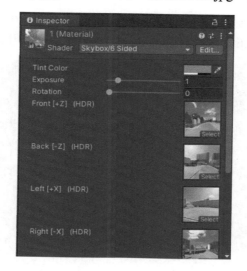

图 10-10　设置材质球

（2）选中创建的材质球 2，按照类似的方法，设置 6 个面的材质分别为"海棠广场.front.jpg""海棠广场.back.jpg"等。

（3）选中创建的材质球 3，按照类似的方法，设置 6 个面的材质分别为"艺术馆.front.jpg""艺术馆.back.jpg"等。

### 10.3.2 为环境设置天空盒

在 Unity 中设置天空盒的方式有两种：一种是为环境设置天空盒，另一种是为特定摄像机设置天空盒。下面打开校园漫游场景（RoamScene），为环境设置天空盒，具体操作方法如下。

方法 1：直接将 Resources 中的材质球拖曳到 Scene 面板，即可为环境设置天空盒，在 Scene 面板中切换视角可全方位查看全景图，如图 10-11 所示。

图 10-11　为环境设置天空盒

方法 2：选择 Windows 菜单下 Rendering→Lighting 命令，在弹出的 Lighting 窗口中切换至 Environment 面板，在该面板的 Skybox Material 中设置材质球，如图 10-12 所示。

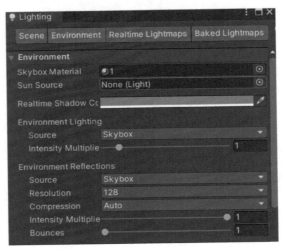

图 10-12　在 Skybox Material 中设置材质球

### 10.3.3 为摄像机设置天空盒

为摄像机设置天空盒的具体操作步骤如下。

（1）在 Lighting 窗口中选择 Environment 面板，删除 Skybox Material 中的材质球，下面为摄像机设置天空盒。

（2）打开校园漫游（RoamScene）场景，选择 Hierarchy 面板中的 Main Camera 对象，在 Inspector 面板的最下方单击 Add Component 按钮，选择 Rendering→Skybox 命令，为 Main Camera 对象添加 Skybox 组件，如图 10-13 所示。

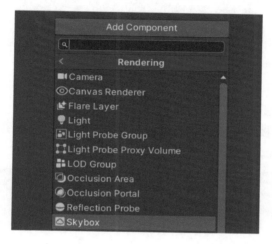

图 10-13 添加 Skybox 组件

（3）将 Resources 中的天空盒材质球直接拖曳到 Custom Skybox 中，如图 10-14 所示，这时在 Scene 面板中看不到变化。

图 10-14 设置 Skybox 组件

（4）选择 Hierarchy 面板中的 Main Camera 对象，在 Inspector 面板中设置 Main Camera

组件的 Clear Flags 为 Skybox，如图 10-15 所示，相机在渲染前会先清除屏幕上的内容，然后使用相机的背景色或 Skybox 作为背景。

图 10-15　设置 Main Camera

（5）打开 Game 面板，可以看到为摄像机设置的全景图，如图 10-16 所示。此时因为没有控制摄像机，所以就算运行软件也无法环视全景图。

图 10-16　在 Game 面板中查看当前效果

### 10.3.4　查看全景图

查看全景图的具体操作步骤如下。

（1）下面编写脚本，通过控制摄像机来查看全景图。在 Project 面板空白处单击鼠标右键，在弹出的快捷菜单中选择 Create→C# Script 命令，创建脚本文件并命名为 CameraController.cs，双击 CameraController.cs 打开文件编写脚本。

```
1.  using UnityEngine;
2.  public class CameraController : MonoBehaviour
3.  {
4.      public float xSpeed = 2;
5.      public float ySpeed = 2;
6.      public float yMinLimit = -50;
7.      public float yMaxLimit = 50;
8.      public float zoomSpeed = 5;
9.      public float MinFOV = 40;
10.     public float MaxFOV = 75;
11.     private float zoomFOV;
12.     public static float x = 0.0f;
13.     private float y = 0.0f;
14.     private Camera camera;
15.     void Start()
16.     {
17.         camera = this.GetComponent<Camera>();
18.         x = transform.eulerAngles.y;
19.         y = transform.eulerAngles.x;
20.         zoomFOV = camera.fieldOfView;
21.     }
22.     void LateUpdate()
23.     {
24.         if (Input.GetMouseButtonDown(0))
25.         {
26.             x = transform.eulerAngles.y;
27.             y = transform.eulerAngles.x;
28.         }
29.         if (Input.GetMouseButton(0))
30.         {
31.             x += Input.GetAxis("Mouse X") * xSpeed;
32.             y -= Input.GetAxis("Mouse Y") * ySpeed;
33.             y = ClampAngle(y, yMinLimit, yMaxLimit);
34.             transform.eulerAngles = new Vector3(y, x, 0);
35.         }
36.         zoomFOV -= Input.GetAxis("Mouse ScrollWheel") * zoomSpeed;
37.         zoomFOV = Mathf.Clamp(zoomFOV, MinFOV, MaxFOV);
38.         camera.fieldOfView = zoomFOV;
39.     }
40.     float ClampAngle(float angle, float min, float max)
41.     {
42.         if (angle > 180.0f)
43.             angle -= 360.0f;
```

```
44.          return Mathf.Clamp(angle, min, max);
45.     }
46. }
```

【程序代码说明】

第 4 行：摄像机在 X 轴旋转的速度。

第 5 行：摄像机在 Y 轴旋转的速度。

第 6 行：摄像机在 Y 轴的最小角度。

第 7 行：摄像机在 Y 轴的最大角度。

第 8 行：缩放速度。

第 9 行：摄像机最小的 FOV（视场角）。

第 10 行：摄像机最大的 FOV。

第 11 行：摄像机的 FOV。

第 12 行：摄像机的 X 轴角度。

第 13 行：摄像机的 Y 轴角度。

第 14 行：定义 Camera 类对象。

第 15～21 行：在 Start()函数中初始化 Camera 对象，用于获取摄像机 X、Y 轴的角度，以及获取摄像机的 FOV。

第 24～28 行：若单击鼠标左键，则获取摄像机当前的 X、Y 轴值。

第 29～35 行：若按住鼠标左键，则设置摄像机的旋转角度。Input.GetAxis("Mouse X")用于获取鼠标在 X 轴上的值；ClampAngle(y, yMinLimit, yMaxLimit)用于限制 Y 轴的角度；transform.eulerAngles = new Vector3(y, x, 0)用于控制摄像机旋转，光标在屏幕的 X 轴水平方向拖动时，摄像机对应的是 Y 轴的旋转。光标在屏幕 Y 轴垂直方向拖动时，摄像机对应的是 X 轴的旋转。

第 36 行：Input.GetAxis("Mouse ScrollWheel")用于获取鼠标滚轮值。

第 37 行：用于限制 zoomFOV 的范围。

第 40～45 行：自定义函数，用于限制 Y 轴的角度，其中 angle 是需要限制的角度，min 是最小角度，max 是最大角度。

（2）将编写好的脚本直接挂在 RoamScene 场景的 Main Camera 对象上。

（3）运行软件进行测试，可以用鼠标在上下左右四个方向查看全景图。

知识点一：天空盒种类

Unity 提供了多个天空盒着色器供使用，每个着色器使用一组不同的属性和生成技术，具体可分为如下两类。

（1）纹理化：从一个或多个纹理生成一个天空盒。源纹理代表各个方向的背景视图。

此类别中的天空盒着色器有 6 面（6 Sided）、立方体贴图（Cubemap）和全景（Panoramic）。

（2）程序化：不使用纹理，而是使用材质上的属性来生成天空盒。此类别中的天空盒着色器有程序化（Procedural）。

知识点二：设置天空盒

创建天空盒材质后，将其拖动到场景中，Unity 可将其用于在场景中产生环境光照。如果拖动后没有效果，说明没有打开天空盒在场景中显示，需要进行如图 10-17 所示的设置。

图 10-17　显示 Skybox

如果只想在特定摄像机的背景中绘制天空盒，请使用 Skybox 组件。将此组件附加到带有摄像机的游戏对象时，它会覆盖摄像机绘制的天空盒。

知识点三：Input.GetAxis()用法

Input.GetAxis()的使用方法有以下 5 种。
- GetAxis("Mouse X")。
- GetAxis("Mouse Y")。
- GetAxis("Mouse ScrollWheel")。
- GetAxis("Vertical")。
- GetAxis("Horizontal")。

GetAxis()需要传参数，参数为 string 类型，具体说明如下。
- Mouse X 光标沿着屏幕 X 轴移动时触发。
- Mouse Y 光标沿着屏幕 Y 轴移动时触发。
- Mouse ScrollWheel 当鼠标滚动轮滚动时触发。
- Vertical 对应键盘上面的上下箭头，当按上或下箭头时触发。
- Horizontal 对应键盘上面的左右箭头，当按左或右箭头时触发。

GetAxis()返回值是一个数，正负代表方向。

知识点四：Mathf.Clamp()函数

Mathf.Clamp (value, min,max)限制 value 的值在 min 和 max 之间，如果 value 小于 min，返回 min。如果 value 大于 max，返回 max，否则返回 value。

# 10.4 动态全景图

**任务要求**

本任务创建全景图切换的箭头按钮，并将其放在合适的位置。然后编写脚本实现动态加载全景图。双击场景中的箭头时，就会按顺序依次动态加载全景图。

通过完成任务达成以下目标：

● 掌握动态加载全景图的方法。

● 掌握切换全景图的方法。

## 10.4.1 创建 Next 箭头

创建 Next 箭头的具体操作步骤如下。

**步骤 1** 创建 Next 箭头

在 RoamScene 场景中新建一个名为 Next 的 Plane，这里为了方便设置，可以为环境设置全景图，当箭头放好后再删除为环境设置的全景图。

**步骤 2** 设置材质球

（1）新建一个名为 NextMat 的材质球。

（2）设置 NextMat 材质球的贴图为箭头图片，设置 NextMat 材质球的 Rendering Mode 为 Cutout，让贴图显示 Alpha 透明通道信息，如图 10-18 所示。

图 10-18 设置材质球

（3）将材质球赋予到 Next 物体上，如图 10-19 所示。

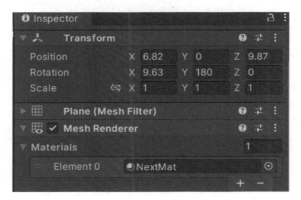

图 10-19　将材质球赋予到 Next 上

**步骤 3** 设置 Next 的位置和大小

对 Next 的 Transform 属性进行设置，调整其大小，放在合适的位置，并进行适当旋转，可参考如图 10-20 所示设置参数。

图 10-20　设置 Transform

**步骤 4** 设置 Tag

（1）在 Inspector 面板上单击 Tag 旁的下拉菜单按钮，在弹出的下拉菜单中选择 Add Tag 命令，创建 Switch 标签。创建的标签如图 10-21 所示。

图 10-21　创建标签

（2）选择 Next 对象，在 Inspector 面板中设置其 Tag 为 Switch 标签，如图 10-22 所示。

图 10-22　设置标签

## 10.4.2　创建脚本

创建脚本的具体操作步骤如下。

（1）删除为场景和摄像机设置的天空盒，下面通过编写脚本来动态加载全景图。

（2）在 Project 面板空白处单击鼠标右键，在弹出的快捷菜单中选择 Create→C# Script 命令，创建脚本文件并命名为 RoamSceneController.cs，双击 RoamSceneController.cs 打开文件编写脚本。

```
1.  using System.Collections;
2.  using System.Collections.Generic;
3.  using UnityEngine;
4.  public class RoamSceneController : MonoBehaviour
5.  {
6.      private Material CubemapMat;
7.      private RaycastHit hit;
8.      private Ray ray;
9.      private int CurrentTex = 1;
10.     private Skybox skybox;
11.     void Start()
12.     {
13.         CubemapMat = Resources.Load<Material>("1");
14.         skybox = gameObject.GetComponent<Skybox>();
15.         skybox.material = CubemapMat;
16.     }
17.     private void Update()
18.     {     }
19.     private void OnGUI()
20.     {
21.         Event mouse = Event.current;
22.         if (mouse.isMouse && mouse.type == EventType.MouseDown)
23.         {
24.             if (mouse.clickCount == 2)
25.             {
```

```
26.                    ray = Camera.main.ScreenPointToRay(Input.mousePosition);
27.                    if (Physics.Raycast(ray, out hit))
28.                    {
29.                        if (hit.transform.tag == "Switch")
30.                        {
31.                            CurrentTex++;
32.                            if (CurrentTex > 3)
33.                            {
34.                                CurrentTex = 1;
35.                            }
36.                            CubemapMat=Resources.Load<Material>(CurrentTex+"");
37.                            skybox.material = CubemapMat;
38.                            this.transform.localRotation = new Quaternion
(0, 0, 0, 0);
39.                        }
40.                    }
41.                }
42.            }
43.        }
44. }
```

【程序代码说明】

第 6 行：定义一个 Material 类对象 CubemapMat，用于存放 3 种不同的材质。

第 9 行：CurrentTex 用于保存材质编号，分别是 1、2 和 3。

第 13 行：从 Resources 文件夹中动态加载天空盒材质 1。

第 15 行：为天空盒对象 skybox 设置材质。

第 21 行：定义一个 Unity 事件。

第 22 行：判断当前是否按下鼠标。

第 24 行：判断是否双击鼠标。

第 26~31 行：如果双击鼠标，就从光标位置发射一条射线，如果射线碰到的物体标签为 Switch，则将 CurrentTex 加 1，即取下一个天空盒材质。

第 36~37 行：动态加载新的材质球，并将其赋给 skybox。

第 38 行：设置摄像机的旋转归 0，即摄像机的角度回归到初始角度。

（3）将编写好的脚本直接挂在 RoamScene 场景的 Main Camera 对象上。

（4）运行软件进行测试，可以发现已经加载好全景图，可用鼠标上下左右环视全景图。双击场景中的箭头（Next）时，就会切换到下一张全景图片，摄像机的角度会回归到初始的角度。

知 识 总 结

Event 用于处理输入事件的类，主要负责 Unity 中的键盘、按键、鼠标输入以及 GUI

事件。OnGUI 事件在一帧中可以被调用很多次，在每一次键盘、鼠标、按键以及 GUI 输入发生时，OnGUI 都会被调用一次，用于按批处理同一帧中多个 GUI 输入事件的，这些事件使用一个队列存在 Event 类型中。

- Event.current 用于获取当前 OnGUI 周期正在处理的 GUI 信息。
- Event.isMouse 表示当前批次是否处理鼠标信息。
- Event.type 用于更精细化地分别处理类型和信息。

以下程序段可以判断是否双击鼠标。

```
void OnGUI()
   {
   Event Mouse = Event.current;
   if (Mouse.isMouse && Mouse.type == EventType.MouseDown && Mouse.
   clickCount == 2)
   print("Double Click");
   }
```

## 10.5 创建地标和介绍信息

任务要求

本任务为 3 张全景图分别制作地标及地标介绍信息。通过完成任务，进一步熟悉 UGUI 的使用方法。

### 10.5.1 为第一幅全景图创建地标和介绍信息

为第一幅全景图创建地标和介绍信息的具体操作步骤如下。

**步骤 1** 创建 Marks

在 Hierarchy 面板中创建一个名为 Marks 的空对象，重置其 Transfom 属性，这个空对象用于存放所有的地标。

**步骤 2** 创建 Mark 材质球

创建一个名为 Mark 的材质球，设置材质球的贴图为"地标.jpg"，材质球的渲染模式为 Cutout，如图 10-23 所示。

**步骤 3** 创建地标

（1）在 Marks 空对象上单击鼠标右键，在弹出的快捷菜单中选择 3D Object→Plane 命令，创建一个 Plane，将其命名为"1"。

（2）选中"1"对象，在 Inspector 中设置"1"对象的材质为 Mark。

（3）通过调整 Transform 属性，将"1"对象旋转到合适的角度，放置在操场附近，如图 10-24 所示。

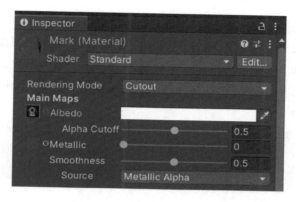

图 10-23    创建 Mark 材质球

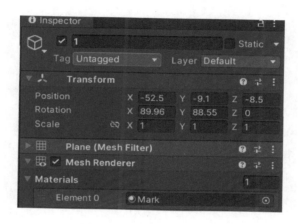

图 10-24    设置 "1" 对象

（4）在 Inspector 面板中单击 Tag 旁的下拉菜单按钮，在弹出的下拉菜单中选择 Add Tag 命令，创建 Tip 标签。选中 "1" 对象，在 Inspector 面板中设置其 Tag 为 Tip 标签，如图 10-25 所示。

图 10-25    为 "1" 对象设置标签

**步骤 4** 创建介绍信息

（1）在"1"对象上单击鼠标右键，选择 UI→Canvas 命令，创建一个 Canvas 对象，设置好 Canvas 的 Rect Transform 属性，并调整好大小、位置等属性。

（2）将 Canvas 的 Render Mode 设置为 World Space，将 Dynamic Pixels Per Unit 设置为 2，如图 10-26 所示。

图 10-26 设置 Canvas

（3）在 Canvas 下创建一个 Image 对象，用于进行地标介绍，如图 10-27 所示。

图 10-27 创建 Image

（4）在 Inspecotr 面板中将 Image 对象的 Source lmage 设置为 mark1 图片，设置好 Image 对象的大小和位置，如图 10-28 所示。

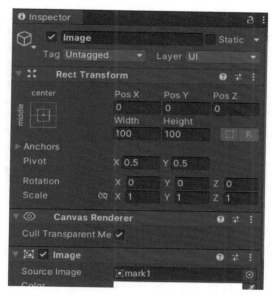

图 10-28　设置 Image

（5）第一幅全景图中地标和详细介绍信息的显示效果如图 10-29 所示。

图 10-29　第一幅全景图的地标和介绍信息

## 10.5.2　为第二幅全景图创建地标和介绍信息

为第二幅全景图创建地标和介绍信息的具体操作步骤如下。

**步骤 1**　创建地标

（1）在 Marks 空对象上单击鼠标右键，在弹出的快捷菜单中选择 3D Object→Plane 命令，创建一个 Plane，将其命名为"2"。

（2）选中"2"对象，在 Inspector 面板中设置"2"对象的材质为 Mark。

（3）通过调整 Transform 属性，将"2"对象旋转到合适的角度，放置在海棠树附近，参数设置如图 10-30 所示。

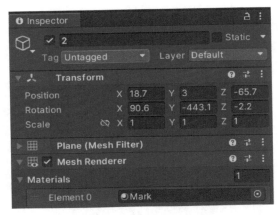

图 10-30　设置"2"对象

（4）选中"2"对象，在 Inspector 面板中设置其 Tag 为 Tip 标签。

**步骤 2** 创建介绍

（1）在"2"对象上单击鼠标右键，在弹出的快捷菜单中选择 UI→Canvas 命令，创建一个 Canvas 对象，设置好 Canvas 的 Rect Transform 属性，调整好大小、位置等属性。

（2）将 Canvas 的 Render Mode 设置为 World Space，将 Dynamic Pixels Per Unit 设置为 2，如图 10-31 所示。

图 10-31　设置 Canvas

（3）在 Canvas 下创建一个 Image 对象，用于进行地标的详细介绍。

（4）选中 Image 对象，在 Inspecotr 面板中将 Source lmage 设置为 mark2 图片，设置

好 Image 对象的大小和位置，如图 10-32 所示。

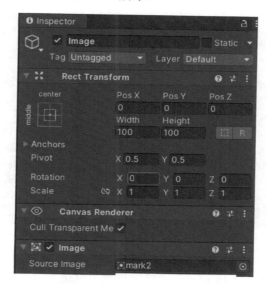

图 10-32　设置 Image

（5）第二幅全景图中地标和详细介绍信息的显示效果如图 10-33 所示。

图 10-33　第二幅全景图的地标和介绍信息

## 10.5.3　为第三幅全景图创建地标和介绍信息

为第三幅全景图创建地标和介绍信息的具体操作步骤如下。

**步骤 ①**　创建地标

（1）在 Marks 空对象上单击鼠标右键，在弹出的快捷菜单中选择 3D Object→Plane 命令，创建一个 Plane，将其命名为"3"。

（2）选中"3"对象，在 Inspector 面板中设置"3"对象的材质为 Mark。

（3）通过调整 Transform 属性，将"3"对象旋转到合适的角度，放置在大厅正面，参数设置如图 10-34 所示。

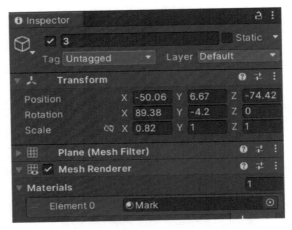

图 10-34　设置 "3" 对象

（4）选中 "3" 对象，在 Inspector 面板中设置其 Tag 为 Tip 标签。

**步骤 2** 创建介绍

（1）在 "3" 对象上单击鼠标右键，在弹出的快捷菜单中选择 UI→Canvas 命令，创建一个 Canvas 对象，设置好 Canvas 的 Rect Transform 属性，调整好大小、位置等属性。

（2）将 Canvas 的 Render Mode 设置为 World Space，将 Dynamic Pixels Per Unit 设置为 2，如图 10-35 所示。

图 10-35　设置 Canvas

（3）在 Canvas 下创建一个 Image 对象，用于进行地标介绍。

（4）选中 Image 对象，在 Inspecotr 面板中将 Source lmage 设置为 mark3 图片，设置好 Image 对象的大小和位置，如图 10-36 所示。

图 10-36　设置 Image

（5）第三幅全景图中的地标和详细介绍信息如图 10-37 所示。

（6）Marks 及其子对象的层级结构如图 10-38 所示。

图 10-37　第三幅全景图的地标和介绍信息

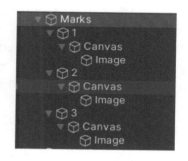

图 10-38　Marks 及其子对象

## 10.6　地标及介绍信息的隐藏与显示

任务要求

本任务实现在一幅全景图中只显示对应的地标和详细介绍信息，隐藏其他全景图中的地标和详细介绍信息。另外，实现单击地标时显示其详细介绍信息，再次单击则隐藏其详细介绍信息的功能。

通过完成任务达成以下目标：

● 掌握对象的显示与隐藏。

● 掌握视图控制方法。

### 10.6.1 地标的隐藏与显示

隐藏与显示地标的具体操作步骤如下。

（1）此时可以发现一张全景图中能看到所有的地标和介绍，在 Hierarchy 面板选中"1" "2" "3" 对象，在 Inspector 面板中将所有地标均关闭。

（2）双击 RoamSceneController.cs 打开文件修改脚本。

```
1.  using System.Collections;
2.  using System.Collections.Generic;
3.  using UnityEngine;
4.  public class RoamSceneController : MonoBehaviour
5.  {
6.      private Material CubemapMat;
7.      private RaycastHit hit;
8.      private Ray ray;
9.      private int CurrentTex = 1;
10.     private Skybox skybox;
11.     public List<GameObject> Marks;
12.     void Start()
13.     {
14.         CubemapMat = Resources.Load<Material>("1");
15.         skybox = gameObject.GetComponent<Skybox>();
16.         skybox.material = CubemapMat;
17.     }
18.     private void Update()
19.     {   }
20.     private void OnGUI()
21.     {
22.         Event mouse = Event.current;
23.         if (mouse.isMouse && mouse.type == EventType.MouseDown)
24.         {
25.             if (mouse.clickCount == 2)
26.             {
27.                 ray = Camera.main.ScreenPointToRay(Input.mousePosition);
28.                 if (Physics.Raycast(ray, out hit))
```

```
29.                    {
30.                        if (hit.transform.tag == "Switch")
31.                        {
32.                            CurrentTex++;
33.                            if (CurrentTex > 3)
34.                            {
35.                                CurrentTex = 1;
36.                            }
37.                            CubemapMat=Resources.Load<Material>(CurrentTex+"");
38.                            skybox.material = CubemapMat;
39.                            this.transform.localRotation = new Quaternion
   (0, 0, 0, 0);
40.                            foreach (var o in Marks)
41.                            {
42.                                o.SetActive(o.name == CurrentTex + "");
43.                                o.transform.GetChild(0).gameObject.
   SetActive(false);
44.                            }
45.                        }
46.                    }
47.                }
48.            }
49.        }
50.    }
```

【程序代码说明】

第 11 行：声明一个集合，用于存放所有的地标。

第 40~44 行：用循环结构遍历所有的地标，如果地标的 name 等于材质的名字，显示当前地标，否则隐藏地标，即只显示当前全景图中的地标。这是因为天空盒材质球的命名方式同地标的命名，均为 1、2、3；o.transform.GetChild(0).gameObject.SetActive(false)用于隐藏所有的详细介绍信息。

（3）在 Hierarchy 面板选中 Main Camera 对象，为脚本组件中的 Marks 赋值，即将"1""2""3"对象拖曳至 Element 0、Element 1 和 Element 2 中，如图 10-39 所示。

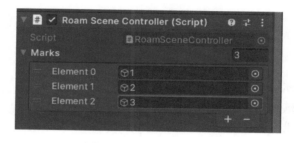

图 10-39　为 Marks 赋值

（4）运行程序进行测试，可以发现得到了预期的效果，即每一张全景图中只显示一个对应的地标。

## 10.6.2 介绍信息的隐藏与显示

下面完成单击地标时显示其详细介绍信息，再次单击则隐藏其详细介绍信息的功能，具体操作步骤如下。

（1）在 Hierarchy 面板选中"1""2""3"对象，在 Inspector 面板中将所有地标关闭，如图 10-40 所示。

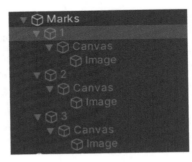

图 10-40　关闭对象

（2）双击 RoamSceneController.cs 打开文件修改脚本，在 OnGUI()函数中添加如下语句。

```
1.          if (mouse.isMouse && mouse.type == EventType.MouseUp)
2.          {
3.              ray = Camera.main.ScreenPointToRay(Input.mousePosition);
4.              if (Physics.Raycast(ray, out hit))
5.              {
6.                  if (hit.transform.tag == "Tip")
7.                  {
8.    hit.transform.GetChild(0).gameObject.SetActive(!hit.transform.
GetChild(0).gameObject.activeInHierarchy);
9.                  }
10.             }
11.         }
```

【程序代码说明】
第 1 行：判断鼠标是否抬起。
第 3 行：从单击鼠标的位置发射一条射线。
第 4 行：判断射线是否碰到物体。
第 6～9 行：若碰到物体的 Tag 是 Tip，判断其详细介绍信息是否显示，如果没有显示则显示其详细介绍信息，如果已经显示则隐藏其详细介绍信息。

（3）运行程序进行测试，在每一张全景图中单击地标可以显示其详细介绍信息，再次单击则隐藏其详细介绍信息。

### 10.6.3 居中显示详细介绍信息

下面实现单击地标显示详细介绍信息时，视图会居中显示详细介绍信息的效果，具体操作步骤如下。

（1）双击 RoamSceneController.cs 打开文件修改脚本，添加以下语句。

```
private bool lookat = false;
```

（2）添加函数 LookAtTarget()。

```
1.    void LookAtTarget()
2.    {
3.        var tmp = Quaternion.LookRotation(hit.point - this.transform.position);
4.        this.transform.rotation = Quaternion.Slerp(this.transform.rotation, tmp, Time.deltaTime * 7);
5.    }
```

【程序代码说明】

第1~5行：自定义函数，使用球形插值旋转摄像机，使摄像机正对单击对象。

（3）修改 Update()函数。

```
1.    private void Update()
2.    {
3.        if (lookat)
4.        {
5.            LookAtTarget();
6.        }
7.    }
```

【程序代码说明】

第3~6行：在 Update()函数中判断 lookat 是否为 true，如果为 true 则调用自定义函数 LookAtTarget()。

（4）修改 OnGUI()函数中的以下内容。

```
1.        if (mouse.isMouse && mouse.type == EventType.MouseUp)
2.        {
3.            lookat = false;
4.            ray = Camera.main.ScreenPointToRay(Input.mousePosition);
```

```
5.              if (Physics.Raycast(ray, out hit))
6.              {
7.                  if (hit.transform.tag == "Tip")
8.                  {
9.                      lookat = true;
10. hit.transform.GetChild(0).gameObject.SetActive(!hit.transform.
GetChild(0).gameObject.activeInHierarchy);
11.                 }
12.             }
13.         }
```

【程序代码说明】

第 3 行：当鼠标抬起时 lookat = false。

第 9 行：当单击对象的 Tag 为 Tip 时，lookat = ture。

（5）运行软件进行测试，预览最终效果。

知 识 总 结

知识点一：GetChild()函数

Unity 中的 GetChild 函数是用来获取指定位置的子物体的方法。它可以通过索引或者名称来获取子物体。

- 通过索引获取子物体的方法是使用 GetChild(int index)函数，其中 index 是子物体在父物体中的位置，从 0 开始计数。例如，如果父物体有 3 个子物体，可以通过 GetChild(0)来获取第一个子物体。
- 通过名称获取子物体的方法是使用 GetChild(String name)函数，其中 name 是子物体的名称。这个函数会在父物体的所有子物体中查找名称匹配的子物体，并返回找到的第一个子物体。如果没有找到匹配的子物体，函数会返回 null。

使用 GetChild 函数可以方便地获取父物体下的子物体，并进行后续的操作，如修改子物体的属性、添加组件等。

知识点二：对象状态

游戏物体状态：activelnHierarchy 和 activeSelf。

- activelnHierarchy：游戏物体的激活状态，如果父物体被禁用，子物体也处于禁用状态，是物体在场景中实际的激活状态。
- activeSelf：游戏物体自身的激活状态，与父物体无关。

知识点三：LookRotation()函数

LookRotation()函数用于计算从一个向量指向另一个向量所需要的旋转角度。player 对象朝向 enemy 对象的操作方法示例如下。

> Vector3 temp = enemy.position - player.position; //获得 enemy 和 player 的位置信息变量。
> enemp.y = 0; //player 在望向 enemy 时不出现低头的情况，则 y 轴的值不变。
> player.rotation= Quaternion.LookRotation(temp); //对 player 进行旋转。

 知识点四：Slerp()函数

做朝向旋转的时候使用 Slerp 函数，使其旋转朝向更为平滑自然。Slerp 是球面线性插值，为四元数的一种线性插值运算，主要用于在两个表示旋转的四元数之间平滑插值。Quaternion.Slerp(a,b,t)将物体从 a 以 t 的旋转速度转向 b。

# 10.7　显示地图

任务要求

本节创建了 GUI（图形用户界面），效果如图 10-41 所示。界面左上角是一张校园地图，地图上有 3 个按钮，单击不同的按钮可以切换到相应的校园场景进行浏览。界面右下角是 Back（返回）按钮，单击该按钮返回起始界面。

通过完成任务达成以下目标：

● 掌握地图制作方法。
● 掌握地图导航和 Next 箭头切换的同步方法。
● 进一步熟悉全景图、地标的动态加载和显示。

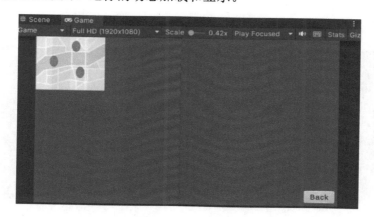

图 10-41　创建的 GUI

## 10.7.1　创建地图和 UI 界面

创建地图和 UI 界面的具体操作步骤如下。

**步骤 1** 创建地图

（1）在 Hierarchy 面板空白处单击鼠标右键，在弹出的快捷菜单中选择 UI→Canvas 命令，创建 Canvas 对象。

（2）为 Canvas 对象创建子对象 Image，设置 Image 对象的 Source Image 为"地图.jpg"，在 Scene 面板中将 Image 拖曳到屏幕左上角，设置好合适的大小，参数设置如图 10-42 所示，效果如图 10-43 所示。

图 10-42　设置 Image 参数

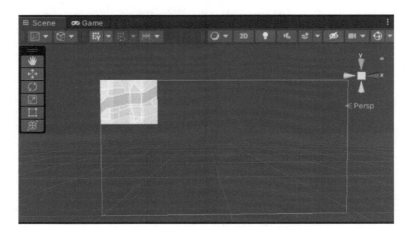

图 10-43　创建好的 Image

**步骤 2** 创建 Button1

（1）在 Canvas 上单击鼠标右键，在弹出的快捷菜单中选择 UI→Button 命令，创建一个按钮，命名为 Button1。删除 Button1 自带的 Text 子对象。

（2）调整 Button1 对象的大小和位置，将其放置在地图的合适位置。设置 Button1 对象的 Source Image 为 Position.jpg，设置 Color 为红色，参数设置如图 10-44 所示。

图 10-44　设置 Button1 参数

**步骤 3** 创建 Button2 和 Button3

（1）复制 Button1，将其改名为 Button2，将 Button2 移动至地图中合适位置。

（2）复制 Button1，将其改名为 Button3，将 Button3 移动至地图中合适位置。整体效果如图 10-45 所示。

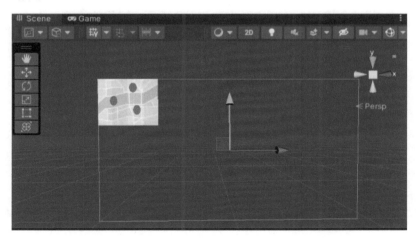

图 10-45　创建的 3 个按钮

**步骤 ④** 创建返回按钮

（1）在 Canvas 上单击鼠标右键，在弹出的快捷菜单中选择 UI→Button 命令，创建一个按钮，命名为 ButBack。

（2）在 Inspector 面板中设置 ButBack 对象的 SourceImage 为 tongyonganniuxiaohuang 图片，在 Inspector 面板中设置 ButBack 的大小，调整 Position 将其移动到 Canvas 的右下角。

（3）选中 ButBack 对象的子对象 Text，在 Inspector 面板中设置文本为 Back，选择合适的字体和字号，如图 10-46 所示。

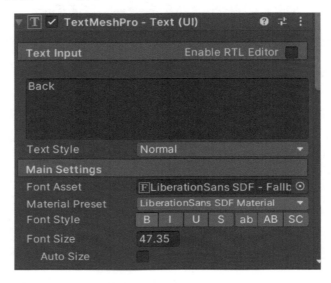

图 10-46　设置 Text 参数

（4）Back（返回）按钮最终效果如图 10-47 所示。

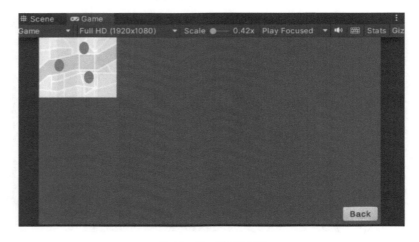

图 10-47　效果示例

## 10.7.2　响应地图按钮

设置响应地图按钮的具体操作步骤如下。

如果想要实现单击 Next 箭头和单击地图中的按钮保持同步的功能，就需要双击 RoamSceneController.cs 打开文件修改脚本，将 CurrentTex 成员变量修改为 static 类型。

```
public static int CurrentTex = 1;
```

（1）在 Project 面板空白处单击鼠标右键，在弹出的快捷菜单中选择 Create→C# Script 命令，创建脚本文件并命名为 CanvasController.cs，双击 CanvasController.cs 打开文件编写脚本。

```
1.  using System.Collections;
2.  using System.Collections.Generic;
3.  using UnityEngine;
4.  using UnityEngine.UI;
5.  using UnityEngine.SceneManagement;
6.
7.  public class CanvasController : MonoBehaviour
8.  {
9.      public List<GameObject> Marks;
10.     private Button button1;
11.     private Button button2;
12.     private Button button3;
13.     private Button butBack;
14.     private Material CubemapMat;
15.     private Skybox skybox;
16.     private GameObject mainCamera;
17.     void Start()
18.     {
19.         mainCamera = GameObject.Find("Main Camera");
20.         skybox = GameObject.Find("Main Camera").GetComponent <Skybox>();
21.         button1 = GameObject.Find("Button1").GetComponent<Button>();
22.         button2 = GameObject.Find("Button2").GetComponent<Button>();
23.         button3 = GameObject.Find("Button3").GetComponent<Button>();
24.         butBack = GameObject.Find("ButBack").GetComponent<Button>();
25.         button1.onClick.AddListener(Button1OnClick);
26.         button2.onClick.AddListener(Button2OnClick);
27.         button3.onClick.AddListener(Button3OnClick);
28.         butBack.onClick.AddListener(butBackOnClick);
29.     }
```

```
30.    void Update()
31.    {
32.    }
33.    void Button1OnClick()
34.    {
35.        RoamSceneController.CurrentTex = 1;
36.        foreach (var o in Marks)
37.        {
38.            o.SetActive(o.name == "1");
39.            o.transform.GetChild(0).gameObject.SetActive(false);
40.        }
41.        CubemapMat = Resources.Load<Material>("1");
42.        skybox.material = CubemapMat;
43.        mainCamera.transform.localRotation = new Quaternion(0, 0, 0, 0);
44.    }
45.    void Button2OnClick()
46.    {
47.        RoamSceneController.CurrentTex = 2;
48.        foreach (var o in Marks)
49.        {
50.            o.SetActive(o.name == "2");
51.            o.transform.GetChild(0).gameObject.SetActive(false);
52.        }
53.        CubemapMat = Resources.Load<Material>("2");
54.        skybox.material = CubemapMat;
55.        mainCamera.transform.localRotation = new Quaternion(0, 0, 0, 0);
56.    }
57.    void Button3OnClick()
58.    {
59.        RoamSceneController.CurrentTex = 3;
60.        foreach (var o in Marks)
61.        {
62.            o.SetActive(o.name == "3");
63.            o.transform.GetChild(0).gameObject.SetActive(false);
64.        }
65.        CubemapMat = Resources.Load<Material>("3");
66.        skybox.material = CubemapMat;
67.        mainCamera.transform.localRotation = new Quaternion(0, 0, 0, 0);
68.    }
69.    void butBackOnClick()
70.    {
71.        SceneManager.LoadScene("StartScene");
```

```
72.      }
73. }
```

**【程序代码说明】**

第 9 行：声明集合用于存放地标。

第 10～12 行：声明 3 个按钮对象，用于存放地图上的 3 个按钮。

第 13 行：butBack 指的是 Back（返回）按钮。

第 19～23 行：用于初始化对象。

第 25～28 行：为按钮注册事件监听器。

第 33～43 行：Button1 的事件处理函数。

- RoamSceneController.CurrentTex = 1 表示第一张全景图，该语句使得单击地图导航和单击 Next 箭头保持同步。
- foreach 循环结构的功能是通过循环遍历结构显示第一张全景图中的地标，隐藏其他地标。
- CubemapMat = Resources.Load<Material>("1")和 skybox.material = CubemapMat 用于动态加载显示操场全景图。
- mainCamera.transform.localRotation = new Quaternion(0, 0, 0, 0)用于使摄像机旋转角度归零。
- Button2 和 Button3 的事件处理函数与 Button1 的事件处理函数功能类似，此处不再赘述。

第 69～72 行：单击 Back（返回）按钮，加载 StartScene 场景。

（2）将编写好的脚本直接挂在 RoamScene 场景的 Canvas 对象上，在 Inspector 面板中直接为 Masks 集合赋值，方法同前。

（3）运行软件进行测试，单击地图中的按钮就会切换到下一张全景图片，摄像机的角度会回归到初始的角度。

## 10.8　地图的扇形设计

任务要求

本任务为地图上的标识点添加扇形视野图标，当控制摄像机在全景图中环视的时候，视野图标能显示摄像机的旋转角度。在此基础上，对程序进行优化，实现显示一张全景图时，只在地图上显示对应点的摄像机视野图标。另外，单击 Next 箭头切换全景图，也只显示对应全景图的摄像机视野图标。

通过完成任务达到以下目标：
- 掌握显示摄像机视野的方法。
- 掌握程序优化的方法。

### 10.8.1 创建扇形视野

地图的扇形设计用于显示当前摄像机的视野，实现扇形图标跟随摄像机的旋转而转动，创建扇形视野的具体操作步骤如下。

（1）选中 Canvas 下的 Button1 按钮，在其上单击鼠标右键，在弹出的快捷菜单中选择 UI→Image 命令，创建一个 Image 对象，将其命名为 View1。

（2）选中 View1，在 Inspector 面板中设置 Source Image 为 ViewIcon.png，调整其位置和大小，如图 10-48 所示。

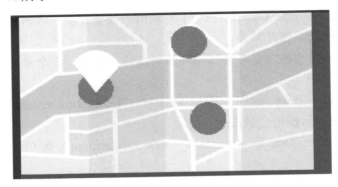

图 10-48　设置 View1

（3）选中 View1，设置 Pivot 属性值为（0.5,0），如图 10-49 所示。

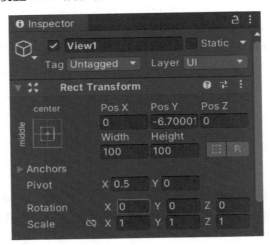

图 10-49　设置 View1 的 Pivot 属性

（4）按照同样的方法，在 Button2 下面创建 Image 类子对象 View2，设置 Source Image 为 ViewIcon.png。在 Button3 下面创建 Image 类子对象 View3，设置 Source Image 为 ViewIcon.png。最终效果如图 10-50 所示。

图 10-50　创建扇形视野

## 10.8.2　扇形视野动态变化

设置扇形视野动态变化的具体操作步骤如下。

（1）在 Project 面板空白处单击鼠标右键，在弹出的快捷菜单中选择 Create→C# Script 命令，创建脚本文件并命名为 ViewController.cs，双击 ViewController.cs 打开文件编写脚本。

```
1.   using System.Collections;
2.   using System.Collections.Generic;
3.   using UnityEngine;
4.   public class ViewController: MonoBehaviour
5.   {
6.       void Start()
7.       {
8.       }
9.       void Update()
10.      {
11.          transform.rotation = Quaternion.Euler(0, 0, -CameraController.x);
12.      }
13. }
```

【程序代码说明】

第 11 行：设置当前对象旋转，旋转角度同摄像机。

（2）将编写好的脚本直接挂在 RoamScene 场景的 View1、View2 和 View3 对象上。

（3）运行软件进行测试，可以发现查看全景图旋转摄像机时，View1、View2 和 View3 同时跟随旋转，显示摄像机视野。

### 10.8.3　扇形视野优化

下面优化程序，实现显示一张全景图时，只在地图上显示对应点的摄像机视野图标的效果，具体操作步骤如下。

（1）双击 CanvasController.cs 打开文件修改脚本。

```
1.  using System.Collections;
2.  using System.Collections.Generic;
3.  using UnityEngine;
4.  using UnityEngine.UI;
5.  using UnityEngine.SceneManagement;
6.  public class CanvasController : MonoBehaviour
7.  {
8.      public List<GameObject> Marks;
9.      private Button button1;
10.     private Button button2;
11.     private Button button3;
12.     private Button butBack;
13.     private Material CubemapMat;
14.     private Skybox skybox;
15.     private GameObject mainCamera;
16.     void Start()
17.     {
18.         mainCamera = GameObject.Find("Main Camera");
19.         skybox=GameObject.Find("Main Camera").GetComponent<Skybox>();
20.         button1 = GameObject.Find("Button1").GetComponent<Button>();
21.         button2 = GameObject.Find("Button2").GetComponent<Button>();
22.         button3 = GameObject.Find("Button3").GetComponent<Button>();
23.         butBack = GameObject.Find("ButBack").GetComponent<Button>();
24.         button1.onClick.AddListener(Button1OnClick);
25.         button2.onClick.AddListener(Button2OnClick);
26.         button3.onClick.AddListener(Button3OnClick);
27.         butBack.onClick.AddListener(butBackOnClick);
28.     }
29.     void Update()
30.     {   }
31.     void Button1OnClick()
32.     {
33.         RoamSceneController.CurrentTex = 1;
34.         foreach (var o in Marks)
35.         {
```

```
36.                 o.SetActive(o.name == "1");
37.                 o.transform.GetChild(0).gameObject.SetActive(false);
38.             }
39.         CubemapMat = Resources.Load<Material>("1");
40.         skybox.material = CubemapMat;
41.         mainCamera.transform.localRotation = new Quaternion(0, 0, 0, 0);
42.         CameraController.x = 0;
43.
44.         button1.transform.GetChild(0).gameObject.SetActive(true);
45.         button2.transform.GetChild(0).gameObject.SetActive(false);
46.         button3.transform.GetChild(0).gameObject.SetActive(false);
47.     }
48.     void Button2OnClick()
49.     {
50.         RoamSceneController.CurrentTex = 2;
51.         foreach (var o in Marks)
52.         {
53.             o.SetActive(o.name == "2");
54.             o.transform.GetChild(0).gameObject.SetActive(false);
55.         }
56.         CubemapMat = Resources.Load<Material>("2");
57.         skybox.material = CubemapMat;
58.         mainCamera.transform.localRotation = new Quaternion(0, 0, 0, 0);
59.         CameraController.x = 0;
60.
61.         button2.transform.GetChild(0).gameObject.SetActive(true);
62.         button1.transform.GetChild(0).gameObject.SetActive(false);
63.         button3.transform.GetChild(0).gameObject.SetActive(false);
64.     }
65.     void Button3OnClick()
66.     {
67.         RoamSceneController.CurrentTex = 3;
68.         foreach (var o in Marks)
69.         {
70.             o.SetActive(o.name == "3");
71.             o.transform.GetChild(0).gameObject.SetActive(false);
72.         }
73.         CubemapMat = Resources.Load<Material>("3");
74.         skybox.material = CubemapMat;
75.         mainCamera.transform.localRotation = new Quaternion(0, 0, 0, 0);
76.         CameraController.x = 0;
77.
78.         button3.transform.GetChild(0).gameObject.SetActive(true);
```

```
79.        button1.transform.GetChild(0).gameObject.SetActive(false);
80.        button2.transform.GetChild(0).gameObject.SetActive(false);
81.    }
82.    void butBackOnClick()
83.    {
84.        SceneManager.LoadScene("StartScene");
85.    }
86. }
```

【程序代码说明】

第 44～46 行：Button1OnClick()函数中的这几条语句用于设置 Button1 的子对象显示，Button2 和 Button3 的子对象关闭，即只显示地图中按钮 1 上的摄像机视野图标。

第 61～63 行：Button2OnClick()函数中的这几条语句用于设置 Button2 的子对象显示，Button1 和 Button3 的子对象关闭。

第 78～80 行：Button3OnClick()函数中的这几条语句用于设置 Button3 的子对象显示，Button1 和 Button2 的子对象关闭。

（2）运行软件进行测试，单击地图中的按钮切换全景图，可以发现只显示对应全景图的摄像机视野。

## 10.8.4　Next 箭头同步

下面进一步完善程序，实现单击 Next 箭头切换全景图，只显示对应全景图的摄像机视野图标，具体操作步骤如下。

（1）双击 RoamSceneController.cs 打开文件修改脚本，添加集合。

```
public List<Button> Buttons;
```

（2）在 OnGUI()函数的最下面添加如下代码。

```
1. foreach (var o in Buttons)
2. {
3. o.transform.GetChild(0).gameObject.SetActive(o.name == "Button" + CurrentTex + "");
4. }
```

【程序代码说明】

通过循环结构对 Buttons 集合中的内容进行遍历，如果当前显示的是第 n 张全景图，则 Button n 的子对象显示，否则隐藏。这里能用这种方法是因为全景图的命名采用 1、2、3 的形式。

（3）将 Hierarchy 面板中的 Button1、Button2 和 Button3 拖曳到 Inspector 面板中，为 Buttons 赋值，如图 10-51 所示。

（4）在 Hierarchy 面板中关闭 View2 和 View3，默认不显示，如图 10-52 所示。

图 10-51　为 Buttons 赋值　　　　图 10-52　关闭 View2 和 View3

（5）运行程序进行测试，运行后首先显示的是第一张全景图和其摄像机视野图，控制鼠标上下左右查看全景图，可以看到摄像机视野图跟随旋转。单击地图中的其他按钮，或者单击 Next 箭头切换全景，会切换成对应的全景图和摄像机视野图。

━━━━━━◆ 知 识 总 结 ◆━━━━━━

知识点一：Quaternion.Euler()方法

● public static Quaternion Euler(Vector3 euler);
● public static Quaternion Euler(float x, float y, float z):
此方法用于返回欧拉角 Vector3(x,y,z)对应的四元数 Quateion 实例。

知识点二：扇形视野的隐藏/显示

扇形视野的隐藏与显示主要还是采用 SetActive()方法，该方法可控制一个物体是否在场景中显示。

gameobiect.SetActive()用于激活或禁用 gameobiect，常用判断为在 A 情况下时 SetActive(ture)、在 B 情况下时 SetActive(false)。

## 10.9　WebGL 项目发布

发布 WebGL 项目的具体操作步骤如下。
**步骤 1**　设置 Build Settings
（1）选择 File→Build Settings 命令，打开 Build Settings 窗口，将创建的场景拖入 Scenes

In Build 中。

（2）在 Platform 面板中选择 WebGL 选项，此时取消勾选 Development Build 复选框，如图 10-53 所示。

图 10-53　设置 Build Settings 参数

（3）在 Player 面板中修改 Company Name、Product Name 和 Default Icon 等选项，具体设置如图 10-54 所示。

图 10-54　在 Player 面板中设置相关选项

步骤 2　打包发布

（1）返回 Build Settings 窗口，单击 Build 按钮选择打包路径开始打包。

（2）打包完成后的文件夹如图 10-55 所示。

图 10-55 发布后的文件夹

**步骤 ③** 运行项目

运行项目需要在本地安装 IIS 服务器，如果无法识别.unityweb 等类型的文件，需要为 IIS 添加 MIME 类型。运行项目也需要浏览器支持 WebGL，不同浏览器的设置方法不太一样，具体操作请查看当前浏览器提供的设置方法。如果运行时出现 "Unable to parse Build/***.framework.js.gz! ……" 错误信息，则需要在 Player Settings→Publishing Settings 选项卡中勾选 Decompression Fallback 复选框即可，如图 10-56 所示。

图 10-56 设置 Player Settings 参数

**试一试**

在本篇全景图知识和技术的学习基础上，基于三维全景虚拟现实技术，制作校园漫游软件，控制摄像机能够对场景进行环视的功能效果，各场景跳转流畅自然，界面设计美观大方。另外，要求在场景中设置一些交互内容，以增加软件的互动性。